国家职业资格培训教程

绝缘制品件装配工

机械工业职业技能鉴定指导中心组织编写

机 械 工 业 出 版 社

本书是依据《国家职业标准》绝缘制品件装配工的知识要求和技能要求，按照岗位培训需要的原则编写的。本书分为初级技能、中级技能和高级技能三部分，每部分均包括工艺准备、加工与装配和检测。书末还附有模拟试卷及答案。

本书主要作为企业培训部门、职业技能鉴定机构的教材，也可作为技校、技师学院、高职、各种短训班的教学用书。

图书在版编目 (CIP) 数据

绝缘制品件装配工/机械工业职业技能鉴定指导中心组织编写. —北京：机械工业出版社，2013.8
国家职业资格培训教程
ISBN 978 - 7 - 111 - 42557 - 1

Ⅰ.①绝… Ⅱ.①机… Ⅲ.①绝缘材料—产品—组装—技术培训—教材 Ⅳ.①TM21

中国版本图书馆 CIP 数据核字（2013）第 102198 号

机械工业出版社（北京市百万庄大街 22 号 邮政编码 100037）
策划编辑：王振国 责任编辑：荆宏智 王振国
版式设计：霍永明 责任校对：张玉琴
封面设计：陈 沛 责任印制：杨 曦
北京圣夫亚美印刷有限公司印刷
2013 年 8 月第 1 版第 1 次印刷
184mm×260mm ·9.75 印张·236 千字
0001—3000 册
标准书号：ISBN 978 - 7 - 111 - 42557 - 1
定价：25.00 元

凡购本书，如有缺页、倒页、脱页，由本社发行部调换

电话服务	网络服务
社服务中心 ：(010)88361066	教材网 :http://www.cmpedu.com
销 售 一 部 ：(010)68326294	机工官网:http://www.cmpbook.com
销 售 二 部 ：(010)88379649	机工官博:http://weibo.com/cmp1952
读者购书热线：(010)88379203	**封面无防伪标均为盗版**

前　言

　　为推动变压器行业职业培训和职业技能鉴定工作的开展，大力推行国家职业资格证书制度，机械工业职业技能鉴定指导中心在组织完成了《变压器、互感器装配工》《铁心叠装工》《绕组制造工》《绝缘制品件装配工》《变压器试验工》等特有工种国家职业标准编写工作的基础上，又组织变压器行业骨干企业及有关专家编写了这五个职业的国家职业资格培训教程。

　　本套教程是以"以职业活动为导向，以职业技能为核心"为指导思想，突出了职业培训特色，以操作者能够"看得懂、学得会、用得着"为基本原则，力求通俗易懂、理论联系实际，体现了实用性和可操作性。在结构上，本套教程针对变压器行业五个特有职业的职业活动领域，分为初级、中级、高级、技师、高级技师五个级别，按照模块化的方式进行编写。其中，《变压器基础知识》覆盖了《变压器、互感器装配工》《铁心叠装工》《绝缘制品件装配工》及《变压器试验工》四个国家职业标准中的基本要求，《绕组制造工（基础知识)》覆了《绕组制造工》国家职业标准中的基本要求；各职业技能部分的章对应于该职业标准中的"职业功能"，节对应于标准中的"工作内容"，节中阐述的内容对应于标准中的"技能要求"和"相关知识"。本套教程重点介绍了变压器和互感器生产的制造方法、操作技巧、工艺难题的排除及预防措施，以及相关设备、工具、量具的使用和维护保养方法；同时还介绍了一些国内外变压器、互感器制造技术的新动态。本套教程可供变压器、互感器、电抗器及相关专业工种的从业人员等级培训和技能鉴定使用，也可作为有关技术人员自学参考用书。

　　本套教程的编写工作得到了变压器行业骨干企业的全力支持。其中，保定天威集团有限公司承担了《变压器基础知识》《干式变压器装配工》《变压器装配工》《互感器装配工》《铁心叠装工》《绝缘制品件装配工》《变压器试验工》等的编写工作；西安西电变压器有限责任公司承担了《绕组制造工》的编写工作；许继集团有限公司承担了《干式变压器装配工》中有关内容的编写工作，在此一并表示感谢！

　　由于时间仓促，书中不足之处在所难免，欢迎广大读者提出宝贵意见和建议。

机械工业职业技能鉴定指导中心

目 录

第三部分　高级技能

第一部分 初级技能

第一章 工艺准备

　　一个绝缘件的制作，无论是简单的还是复杂的，都离不开三个要素，即产品图样、工艺文件及工具设备，三者缺一不可。其中，产品图样为设计部门绘制的零部件图形；工艺文件为工艺部门制订的各种用于指导加工和检查的文件；工具设备为产品加工制作过程中使用的各种辅助加工的装备。在加工前，要首先了解这三方面的基本知识并掌握一些基本的工作方法。

第一节 读　　图

　　学习目标　了解零件图样的基本结构以及图样中各种符号的表达含义，同时，能看懂简单的零件图。

一、零件图样的基本结构

　　一张完整的零件图样的基本结构，如图1-1所示。

　　（1）标题栏　通常位于图样的右下端，主要包括制造厂名称、产品型号规格、零件的名称、图号、所用材料等。

　　（2）信息栏　通常位于图样的左下端，主要包括设计、校对、审定、会签等签字栏、改版标记、图样比例及页数等。

　　（3）明细栏　通常位于标题栏和信息栏的上方。对于零件图的明细栏来说，主要在一张图样上有多个零件图时才使用，用以对这些零件图进行区别。

　　（4）零件形状及尺寸　位于图样的中央，用三视图（或只用其中的一个或两个）来表达出零件的形状和尺寸。

　　（5）技术要求　位于图样的右上角或其他部位，主要为文字描述，用以对某些无法在图样中表明的要求进行说明。

二、零件图样中各种表达方式及基本符号的含义

1. 产品型号规格的表达

　　产品的型号规格由字母和数字表示，以图1-1为例，其中SFPSZ为产品的型号，180000表示产品的额定容量为180000kV·A，220表示产品的电压等级为220kV，通常在图样中省

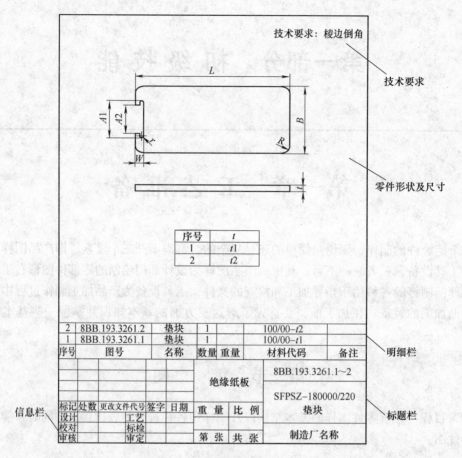

图 1-1　零件图样的基本结构

略了额定容量和电压的单位。

2．材料的表示

对变压器的制造来说，其主要的绝缘材料有绝缘纸板、层压木和色木等，不同厂家对材料的表示方法各不相同，通常包括文字表达和代号两部分，以图 1-1 为例，表示使用的是牌号为 100/00、厚度分别为 $t1$ 和 $t2$ 的绝缘纸板。

3．零件图中特殊符号的含义

绝缘零件图中的特殊符号不多，一般有如下几种：ϕ 表示直径；R 表示半径；t 表示厚度等。

4．零件图中公差的表示

在零件图中，对某些重要尺寸可能给出公差，这时我们在加工中要以图样中的公差要求为主，对某些没有给出公差要求的尺寸，则以工艺文件中的规定为准。

三、读图示例

下面以几种典型的零件为例介绍读图的基本方法。

1．线圈垫块

零件图样如图 1-1 所示。

（1）看标题栏　从标题栏中可以知道这个零件的名称为垫块，其产品型号为 SFPSZ -
180000/220；其图号为 8BB. 193. 3261. 1 ~ 2；所用材料为绝缘纸板。

（2）看明细栏　从明细栏中可以看出序号 1 对应的图号为 8BB. 193. 3261. 1；序号 2 对
应的图号为 8BB. 193. 3261. 2；材料代码 100/00 - $t1$ 表示牌号为 100/00、厚度为 $t1$ 的绝缘纸
板。

（3）分析图形　该垫块图采用主俯双视图表示，通常将此种垫块称为燕尾垫块。

（4）分析尺寸　图中 r、R 表示圆弧半径；从图中可以看出，8BB. 193. 3261. 1 为一长
L、宽 B、厚 $t1$，燕尾槽宽 $A2 \sim A1$、深 W，四角倒 R 圆弧角的燕尾垫块。

（5）看技术要求　图 1-1 中要求棱边倒角，故在加工此垫块时必须对所有棱边进行
倒角。

2. 简单垫块

零件图样如图 1-2 所示。

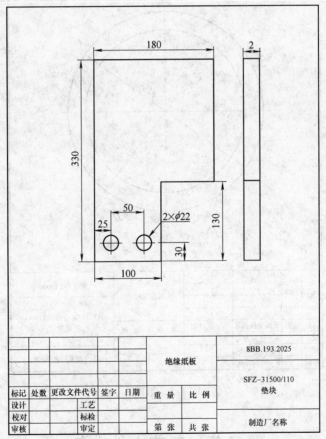

图 1-2　垫块

（1）看标题栏　从标题栏可以看出，此零件名称为垫块，产品型号为 SFZ - 31500/110，
图号为 8BB. 193. 2025，所用材料为绝缘纸板。

（2）分析图形　此图用主视图和侧视图表示，是一个带有缺口和两个孔的长方形垫块。

（3）分析尺寸　图中 ϕ 表示孔的直径，$\phi 22$ 表示孔的直径为 22mm；$2 \times \phi 22$ 表示是两
个 $\phi 22$ 孔；从图中可以看出，所给出的尺寸均为重要尺寸，加工时必须严格保证，同时注

意基准边。如以 130mm 高的缺口为例，加工时必须距下端面的尺寸为 130mm 和距左端面的尺寸为 100mm。

3. 纸圈

零件图样如图 1-3 所示。

（1）看标题栏　从标题栏可以看出，此零件名称为纸圈，产品型号为 ODFPSZ－250000/500，图号为 8BB.192.1100，材料为绝缘纸板。

（2）分析图形　此纸圈为一内外径同心的环形件。

（3）分析尺寸　图样中符号 φ 表示直径，φ1650 表示直径为 1650mm；符号 t 通常表示厚度，图中 $t2$ 表示厚度为 2mm，则此纸圈内径为 1530mm、外径为 1650mm、厚度为 2mm。

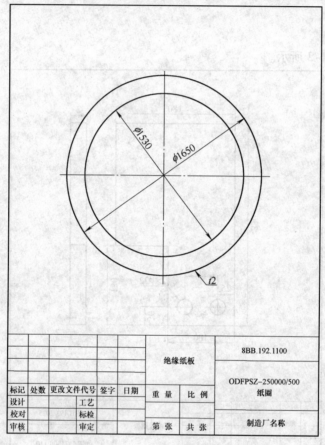

绝缘纸板		8BB.192.1100	
		ODFPSZ–250000/500 纸圈	

标记	处数	更改文件代号	签字	日期	重　量	比　例	ODFPSZ–250000/500 纸圈
设计		工艺					
校对		标检					
审核		审定			第　张	共　张	制造厂名称

图 1-3　纸圈

第二节　工艺文件准备

学习目标　了解工艺文件的含义、类别以及查找办法。

一、工艺文件的含义及类别

工艺文件是由工艺部门制订的，用以指导现场操作、加工和检查的文件，主要包括工艺守则、作业指导书、操作记录卡、质量控制卡等，其目的是实现产品加工的过程控制和质量控制，达到产品加工过程和质量的可追溯性，各种工艺文件的基本内容分别如下：

（1）工艺守则　主要规定了所用工具设备、加工方法、加工质量要求和加工中的注意事项等，是各种加工和检查过程中需遵守的规则。

（2）作业指导书　主要规定了各个步骤的详细操作办法，用以指导非常实际的加工操作。

（3）操作记录卡　操作过程中，对所加工工件的名称、图号、生产日期、操作人、检查人等进行详细记录的卡片。

（4）质量控制卡　工件加工过程中和完成后所使用的记录工件质量情况的卡片，其中详细规定了工件的检查办法、检查类别和检查内容等，并对工件的真实加工结果进行记录。

二、工艺文件的查找方法

对一个初级工来说，必须做到能找出所用的工艺文件，查找工艺文件的一般过程如下：

1）确定要查找的工艺文件的类别，如：有关绝缘纸圈的加工要求和工艺守则，以及撑条加工记录和操作记录卡。

2）找出相关的文件夹。

3）查找目录，找出要找文件的编号。通常，每个工艺文件都有其固定的编号，不同类型的工艺文件的编号方法不同，同一类型的工艺文件的编号也根据不同的类别进行区分。如：工艺守则的编号可为 OBB. XXX. XXX，质量控制卡的编号为 QC – XXX – XXX；而工艺守则的编号也根据各个小类进行区分，如：零件制造工艺的编号为 OBB. 947. XXX；部件制造工艺的编号为 OBB. 957. XXX 等。

此外，为了便于对各个版本进行区分，一般在文件编号后加注编制时间，如 OBB. 947. 005 – 2004。

4）根据编号的大小找出所需要的文件，如：编号为 OBB. 947 的文件肯定在编号为 OBB. 930 文件的后面；编号为 OBB. 947. 006 肯定在编号为 OBB. 947. 005 的后边。

5）确认找出的文件是否为有效版本。查看文件是否与文件目录所示相符，是否为改版单、改版标记等所确定的有效版本。

第三节　设备、工具准备

学习目标　了解常用绝缘件加工设备的基本性能参数、用途及日常保养方法；了解常见工装、工具、量具、模具等的基本知识。

在绝缘件加工前，首先要进行设备、工具、模具等的准备工作，必须首先了解各种设备的主要用途及简单的清洁保养知识。因各厂使用设备的具体情况可能稍有不同，本节主要介绍几种常见的绝缘件加工用设备、工具等。

一、常用设备的使用与保养

1. 冲床

绝缘件加工常用冲床型号有 JN23 – 10T、JN23 – 16T 等，其中 JN23 – 16T 的外观如图

1-4所示，其主要技术参数如下：

1）型号：JN23 – 16T。

2）滑块公称压力：16t。

3）行程次数：120 次/min。

4）最大闭合高度：220mm。

5）工作台尺寸：450mm×300mm。

6）电动机功率：1.1kW。

7）电动机转速：930r/min。

图1-4　JN23 – 16T 型冲床

冲床的主要用途是利用不同模具冲制不同的工件，可加工工件如下：

（1）线圈油隙垫块　包括单燕（或鸽）尾垫块、直槽垫块、双燕（或鸽）尾、一头燕（或鸽）尾一头直槽垫块等各种形式垫块。如图1-5所示为单燕尾垫块、单鸽尾垫块和直槽垫块。

（2）扇形板　如图1-6所示为燕尾槽扇形板，其中槽还可为鸽尾、直槽等各种形式。

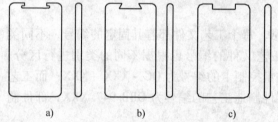

图1-5　油隙垫块示意图

a）单燕尾垫块　b）单鸽尾垫块　c）直槽垫块

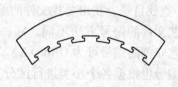

图1-6　燕尾槽扇形板

（3）换位垫块　换位垫块示意图如图1-7所示。

（4）各种尺寸垫圈　垫圈示意图如图1-8所示。

（5）小尺寸折弯件　如图1-9所示的槽垫就是一种小尺寸折弯件。

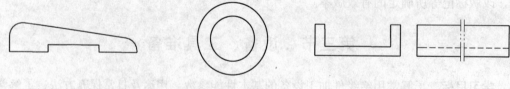

图1-7　换位垫块　　　　图1-8　垫圈　　　　图1-9　槽垫

在冲床使用前，要对其进行简单的润滑与保养，其基本要求如下：

1）打开冲床前盖，检查各油杯是否有足够的润滑油，否则将其注满，其油杯基本位置如图1-10所示。

2）用油壶向滑动导轨和大轮轴承处加注润滑油。

3）清理工作台面，并擦净机床。

2. 剪板机

绝缘件加工常用剪板机主要有 1200mm、1800mm、2000mm、2500mm 等规格，其中

QA11 - 6.3 × 2000 型剪板机的外观如图 1-11 所示，其主要技术参数如下：

1）型号：QA11 - 6.3 × 2000。

2）可剪最大板厚：6.3mm。

3）可剪最大板宽：2000mm。

4）电动机功率：5.5kW。

图 1-10 J23N - 16A 型冲床保养位置

图 1-11 QA11 - 6.3 × 2000 型剪板机的外观

1、7—滑动导轨 2、3、5、6—油杯 4—大轮轴承

剪板机的主要用途为 0.5 ~ 3mm 厚度各种尺寸的方形和斜条纸板的剪切，对于厚度大于 4mm 的纸板，因其剪切后飞边较大，通常不采用剪切方式。

在剪床使用前，也要对其进行简单的润滑与保养，以 QA11 - 6.3 × 2000 型剪板机为例，其基本保养要求如下：

1）检查机床横梁上方左右两端的油杯是否有足够的润滑油，否则将其注满，如图 1-12 所示。

2）定期向左右大轮的齿轮上抹全损耗系统用油（即黄油）进行润滑。

3）检查机床后部连杆上的油杯是否有足够的润滑油，否则将其注满。

4）检查剪刃口上是否有障碍物，以及床面上有无工具等杂物，若有，应进行清理。

图 1-12 QA11 - 6.3 × 2000 型剪床润滑位置

3. 圆剪

常用圆剪主要有 1.2m、2m 和 2.5m 圆剪等，以图 1-13 所示 2m 圆剪为例，其主要技术参数如下：

1）加工纸圈最大外径：φ2000mm。

2）加工纸圈最小内径：φ350mm。

3）加工纸圈厚度：1~3mm。

4）电动机功率：1.7kW。

圆剪的主要用途是1~3mm厚纸圈的制作。

在圆剪使用前，同样要对其进行基本的润滑与保养，以图1-13所示2m圆剪为例，其基本润滑要求如下：

1）打开机身上方机盖，将油碗里注满润滑油。

2）对导轨、下剪刀轴、手轮丝杠等处进行润滑，如图1-14所示。

图1-13　2m圆剪

3）检查机床上是否有杂物和工具，若有，应进行清理。

手轮丝杠

手轮丝杠

下剪刀轴

图1-14　图1-13所示圆剪的润滑位置

4. 带锯

常用绝缘件加工用带锯规格为MJ348A、MJ344、T80等，其中MJ348A型带锯的外观如图1-15所示，其主要技术参数如下：

1）型号：MJ348A。

2）锯条宽：32mm。

3）电动机功率：7.5kW。

4）电动机转速：800r/min和1600r/min两挡。

带锯的主要用途是厚纸板的锯切，因锯条窄，工件在工作台上可以移动，所以可加工曲面；但因其没有定位装置，且加工过程中锯条振动较大，易造成加工面有棱不光滑，所以一般只加工毛料和某些对表面粗糙度要求不太严格的工件，主要包括如下：

1）器身垫块、导线夹等的下料。

2）较厚的层压垫块的下料。

图1-15　MJ348A型带锯的外观

在带锯使用前，要对带锯进行基本的润滑与保养，以MJ348A型带锯为例，其基本要求如下：

1）检查各油杯是否有足够的润滑油，否则将其注满，并对滑道进行润滑，其润滑位置如图1-16所示。

2）工作台面上不得放置工具和工件。

5. 推台锯

常用推台锯的规格有MJY614、MJ6125、F90等，其中MJY614型推台锯的外观如图

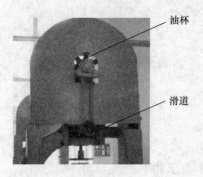

油杯

滑道

机身内油杯

图 1-16　MJ348A 型带锯润滑位置

1-17 所示。其主要技术参数如下：

1）型号：MJY614。

2）推台长度：2800mm。

3）固定工作台宽度：700mm。

4）最大锯板幅面：2500mm×2500mm。

5）锯片直径：250mm、300mm、350mm、400mm。

6）锯轴转速：6000r/min、4500r/min、3500r/min。

7）最大锯切厚度：125mm。

图 1-17　MJY614 型推台锯的外观

8）锯片可倾角度：0°~45°。

9）主电动机功率：4kW。

推台锯的主要用途是锯切厚纸板，因其锯切面光滑，一般锯切成品垫块，但可锯切垫块的厚度受机床功率和锯片直径的限制，不能锯切太厚垫块，以 MJY614 型推台锯为例，其可加工工件主要包括如下：

1）端圈、夹件绝缘、铁心油道等所用的垫块制作。

2）铁心台阶垫块、线圈用厚垫块等厚度较小的垫块下料。

3）撑条的长度加工。

4）厚度小于 60mm 的器身垫块等加工。

在推台锯使用前，需对其进行润滑与保养，以 MJY614 型推台锯为例，其基本保养要求如下：

1）检查导轨上是否有纸屑等杂物，若有，则进行清理。

2）工作台面上不得放置工具和工件。

6. 跑锯

因剪床加工厚度和尺寸的限制，常用跑锯进行大张纸板的锯切，每次可锯切多张纸板。各个厂家所用跑锯不尽相同，以图 1-18 所示跑锯为例，其主要技术参数如下：

1）锯切最大长度：4500mm。

2）锯切最大厚度：45mm。

3）最大进给速度：15m/min。

图 1-18　跑锯

4）锯片转速：3000r/min。

5）电动机功率：9kW。

跑锯的主要用途如下：

1）纸筒、围屏等大张纸板的下料。

2）斜端圈、硬纸筒等的下料。

3）纸圈的下料。

4）垫板、压板、拖板等大型层压纸板件的下料。

在跑锯使用前，需对其进行润滑与保养，其基本要求如下：

1）检查减速机上油杯是否有足够的润滑油，否则应将其注满。

2）滑道、钢丝绳等要进行润滑。

3）工作台面上不得放置工具和工件。

7. 坡口机

坡口机主要用于纸板筒搭接坡口的铣制。以图 1-19 所示坡口机为例，其主技术参数如下：

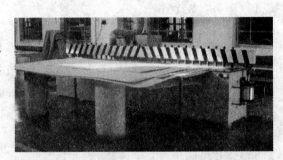

1）铣削纸板厚度：2~6mm。

2）铣削纸板最大宽度：3200mm。

3）铣削后斜面最大宽度：140mm。

4）铣削角度变化范围：0°~5°。

图 1-19　坡口机

5）铣削进给速度：0~4.6m/min。

在坡口机使用前，需对其进行润滑与保养，以图 1-19 所示坡口机为例，其基本保养要求如下：

1）检查滑轨上方油杯是否有足够的润滑油，否则应将其注满。

2）对滑轨进行润滑。

3）台面上不得放置杂物。

8. 滚圆机

滚圆机主要用于纸板筒的滚圆成形，常用滚圆机根据所滚纸板筒的厚度和直径的不同而略有差异，但基本形状如图 1-20 所示，其主要参数如下：

1）适用板料宽度：≤3000mm。

2）适用板料厚度：≤6mm。

3）卷制纸筒直径：$\phi450~\phi3000$mm。

4）卷制速度：4m/min。

在滚圆机使用前，首先对滚圆机进行润滑与保养，其基本保养要求如下：

1）检查滚子左右两端的油杯是否有足够的润滑油，应将其注满。

图 1-20　滚圆机

2）擦净各个滚子，防止异物粘到纸板上。

9. 坡口粘接机

坡口粘接机主要用于纸板筒搭接坡口的加压粘接，其基本形状如图 1-21 所示，其主要技术参数如下：

1）适用纸筒高度：≤3000mm。

2）适用纸筒直径：φ750～φ3000mm。

3）粘接压力：≤1MPa。

4）加热温度：80～120℃。

在坡口粘接机使用前，首先对其进行润滑与保养，其基本要求是：擦净上下模具，防止异物粘到纸板上。

10. 静电环包扎机

静电环包扎机主要用于静电环绝缘层的包扎。常用静电环包扎机的形式有斜包式、平包式和立包式等，图1-22所示静电环包扎机为斜包式，其主要技术参数如下：

1）包扎静电环最大外径：φ3000mm。

2）包扎静电环最小内径：φ570mm。

3）最大断面尺寸：200mm×88mm。

4）所用材料：电缆纸。

5）材料宽：16mm。

图1-21 坡口粘接机　　　　　　　图1-22 静电环包扎机

在静电环包扎机使用前，首先要对其进行润滑与保养，其基本要求如下：

1）对包扎头左右两侧的齿轮进行润滑。

2）擦净可能与静电环接触的部位。

11. 卷管机

卷管机主要用于酚醛纸管的卷制。常用卷管机如图1-23所示，可以通过更换不同尺寸的胎具进行不同酚醛纸管的卷制。

在卷管机使用前，首先对其进行润滑与保养，其基本要求如下：

1）在使用卷管机前将卷管机各部位清扫干净，特别是两加热辊上的残胶。

图1-23 卷管机

2）检查各润滑部位是否有足够的润滑油，否则对其进行润滑，其主要润滑部位如图1-24所示。

3）工作结束后，必须清理卷管机，用棉纱擦净。

图 1-24　卷管机主要润滑位置

12. 折边机

折边机主要用于 1~3mm 厚纸板的折弯，如铁轭屏蔽用纸板等。常用折边机如图 1-25 所示，其基本参数如下：

1) 折弯长度：0~2000mm。

2) 折弯纸板厚度：1~3mm。

3) 折弯角度：90°。

在折边机使用前，首先对其进行基本的润滑与保养，其基本要求如下：

1) 工作前，擦净工作台面和压板。

2) 检查大轮是否有足够的润滑油，否则对其进行润滑。

13. 滚剪机

滚剪机主要用于将纸板剪切成一定宽度的长条料。它的主要特点是一次可加工出多根条料，效率高。常见的滚剪机如图 1-26 所示。其主要技术参数如下：

图 1-25　折边机

图 1-26　滚剪机

1) 适用板料宽度：≤750mm。

2) 适用板料厚度：1~2mm。

3) 进给速度：20m/min。

在滚剪机使用前，首先对其进行基本的润滑与保养，其基本要求如下：

1) 擦净工作台面和滚剪刀。

2) 对轴承等部位进行润滑。

14. 条料倒角机

条料倒角机主要用于条料侧棱倒角。常见的倒角机如图 1-27 所示，其主要技术参数如下：

1）适用条料宽度：25～50mm。
2）适用条料厚度：1～3mm。
3）条料进给速度：20m/min。

在条料倒角机使用前，首先对其进行基本的润滑与保养，其基本要求如下：

1）擦净工作台面。
2）对轴承等部位进行润滑。

15. 瓦楞机

瓦楞机主要用于将纸板压制出瓦楞。其主要技术参数如下：

图1-27　条料倒角机

1）适用纸板宽度：≤1000mm。
2）适用纸板厚度：0.5～2.0mm。
3）棱距×棱高：16mm×7.5mm。

滚制速度：5.5m/min。

在瓦楞机使用前，首先对其进行基本的润滑与保养，其基本要求如下：

1）擦净工作台面。
2）对轴承等部位进行润滑。

16. 各种机加工设备

绝缘件的加工需要很多机加工设备，如车床、刨床、铣床、钻床、镗床等。这些设备通常为标准设备，其清洁保养等知识见相关标准设备要求。这些机加工设备主要用于加工各种较厚的层压纸板件，如导线夹、台阶垫块、器身垫块、压板、拖板、层压端圈等。

二、常见电动工具的基本用途

1. 电刨子

在绝缘件加工时，很多平面加工不适宜用固定设备，这时可采用电刨子进行处理。其具有操作灵活的特点，但只限于加工加工量较小的部位，其外观如图 1-28 所示，其主要用途如下：

1）斜端圈、纸板筒的上下端部加工。
2）某些层压纸板件的厚度处理，如层压端圈、静电环骨架等。

2. 曲线锯

曲线锯主要用于曲线形状的锯切，但因其功率小，锯条强度低，不适宜加工较厚的工件，其外观如图 1-29 所示，主要用途如下：

1）围屏、绝缘筒、硬纸筒等薄纸板上方孔、直径超过 22mm 的圆孔、长圆孔等的加工。
2）斜端圈的开口等。

3. 手电钻

手电钻主要用于铁轭绝缘、斜端圈中 ϕ6mm 以下绑扎孔的加工。其外观如图 1-30 所示。

图 1-28　电刨子的外观

图 1-29　曲线锯的外观

图 1-30　手电钻的外观

4. 倒角器

倒角器由雕刻机改造而来，通过更换各种不同圆弧的成形刀来加工各种圆弧面，如静电环的圆弧面，压板、拖板、层压端圈各棱边的圆弧倒角等。其外观如图 1-31 所示。

5. 砂带机

砂带机主要用于大型层压纸板件的表面打磨，如压板、拖板等。常用砂带机的外观如图 1-32 所示。

6. 电烙铁

电烙铁主要用于屏蔽板铜带和引线的焊接、静电环引出线的焊接。常用电烙铁的外观如图 1-33 所示。

图 1-31　倒角器的外观

图 1-32　砂带机的外观

图 1-33　电烙铁的外观

三、常见模具的基本用途

对某些尺寸标准、批量生产的绝缘件，常用模具进行制作，常见的模具如下：

1. 油隙垫块冲模

线圈中的各种油隙垫块，包括燕（或鸽）尾垫块、方形无尾垫块、双燕（或鸽）尾垫块，一头燕（或鸽）尾一头直槽垫块、直槽垫块等均采用模具进行冲制。油隙垫块冲模外观如图 1-34 所示。此类冲模通常带导柱，为可以连续冲制的连续冲模。其冲制排样图如图 1-35 所示（以燕尾垫块为例），其上冲头形状即为图中落料部分形状。

图 1-34　油隙垫块冲模的外观

2. 扇形板冲模

线圈中的扇形板通常使用模具进行冲制，其槽口有燕尾、鸽尾、直槽等多种形式，也可以实现连续冲制。扇形板冲模外观如图 1-36 所示，其上冲头形状即为所要冲制槽的形状。

3. 换位垫块、垫圈冲模

换位垫块和垫圈等所用的冲模一般为单冲的落料冲模。垫圈冲模外观如图 1-37 所示，其上冲头形状即为所要加工工件形状。

在取用模具时一定要注意,当上下冲模套在一起搬运时,不得只抱紧上冲模,避免下冲模脱落造成人身伤害。在冲模放置时尽量将上冲模套好放置,避免碰伤冲头。在冲模使用前要擦净上下冲头,避免污染工件。

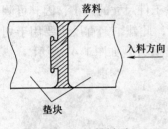

图1-35 排样图   图1-36 扇形板冲模的外观   图1-37 垫圈冲模的外观

四、常见夹具的基本用途

机加工绝缘件在用立(卧)铣、牛头刨、立钻等设备加工时,通常都需要夹具进行定位,常见的夹具为台钳,台钳分为普通机用虎钳和角度钳等多种。如图1-38所示为普通机用虎钳的外观。注意在使用前擦净钳口。

图1-38 机用虎钳的外观

五、常见工装的基本用途

1. 锉刀

锉刀的外观如图1-39所示,其主要用于表面的去毛、打磨等,如:线圈油隙垫块冲制后冲口的打磨、去飞边;静电环绝缘圈斜坡处的修整等。

2. 压块

压块为铁质,重量大,体积小,便于搬运,通常在刷胶粘接时作为重物给压,如:对端圈、铁轭绝缘、夹件绝缘、铁心油道等进行纸板与垫块的粘接时,层压垫块分层制作再粘接时都要使用。其外观如图1-40所示。

3. C形卡子

C形卡子的外观如图1-41所示,主要起到夹紧作用,如层压纸板分层制作再粘接时刷胶后的夹紧;多层纸板一起锯切时的夹紧等。

图1-39 锉刀的外观   图1-40 铁压块的外观   图1-41 C形卡子的外观

4. 胎具

绝缘件制作时所用的胎具主要是加工成形硬纸板筒所用的胎具,其外观如图1-42所示,主要用于将纸板裹在上面烘干定形。

六、常用量具的基本用途

1. 钢直尺

钢直尺是一种常用的测量工具，由钢板制成，可以直接测量工件尺寸的大小，因其可测量尺寸受其大小的限制，通常只测量 1m 以下的工件的直线尺寸，此外，钢直尺主要用于划线使用。钢直尺常用的规格有 150mm、300mm、900mm 等规格。其外观如图 1-43 所示。

图 1-42　胎具的外观

图 1-43　钢直尺的外观

2. 钢卷尺

因钢直尺测量范围较小，对于大型工件的直线尺寸测量，我们通常使用钢卷尺，俗称盒尺。常用的钢卷尺主要有 2m、3m、3.5m、5m 等几个规格，其外观如图 1-44 所示。

3. 直角尺

直角尺是用来检查工件垂直度的量具。常用直角尺的外观如图 1-45 所示。

4. 游标卡尺

游标卡尺主要用来测量精度要求较高的尺寸，如：撑条、垫块等尺寸较小且要求精度高的绝缘件；压板拖板等层压垫块的厚度；槽、孔、台阶等的深度；槽宽、孔径等尺寸。常用的游标卡尺主要有 0～150mm、0～200mm、0～250mm 等几个规格。游标卡尺的外观如图 1-46所示。注意游标卡尺在使用后要放在盒内保存。

图 1-44　钢卷尺的外观

图 1-45　直角尺的外观

图 1-46　游标卡尺的外观

5. π尺

π尺主要用于测量硬纸板筒等圆筒形工件的外径。常用 π尺有 700～900mm、900～1100mm、1100～1300mm 等多种规格。π尺的外观如图 1-47 所示。

图 1-47　π尺的外观

第二章　加工与装配

第一节　基础知识

学习目标　了解变压器和绝缘材料的基本知识。

一、变压器基本知识

1. 变压器的用途

变压器是一种用于交流电能转换的电气设备，在电力系统中的主要作用是变换电压，以利于电能的传输。电压经升压变压器升压后，可以减少线路传输损耗，提高送电经济性，达到远距离输送电的目的；电压经降压变压器降压后，可获得各种用电设备的所需电压，以满足用户使用的需要。

2. 变压器的分类

（1）按用途分类　按用途可以分为电力变压器；冶炼供电用的电炉变压器；电解或化工用的整流变压器；焊接用的弧焊变压器；矿坑用的矿用变压器；试验用的试验变压器；补偿用的电抗器；测量用的互感器等。其中，电力变压器是用途最多、最广的变压器，其他变压器又称为特种变压器。

（2）按容量分类　按容量不同，可以分为电压在 35kV 及以下，容量在 5 ~ 6300kV · A 的中小型变压器；电压在 110kV 及以下，容量在 8000 ~ 63000kV · A 的大型变压器；电压在 220kV 及以上，容量在 31500kV · A 及以上的特大型变压器。

（3）按相数分类　按相数可以分为单相变压器和三相变压器两种。

（4）按绕组数量分类　按绕组数量可以分为双绕组、三绕组和双分裂绕组变压器。

（5）按变压器的调压方式分类　按变压器的调压方式可以分为励磁调压和有载调压变压器。

（6）按变压器的冷却介质分类　按变压器的冷却介质可分为油浸式变压器、干式变压器、气体变压器等。

（7）按变压器的冷却方式分类　按变压器的冷却方式可分为油浸自冷式、油浸风冷式、油浸强迫油循环风冷却式、油浸强迫油循环水冷却式、干式等几种。

（8）按铁心结构分类　按铁心结构可分为心式和壳式两种。

（9）其他分类方式　按导线材料可分为铜线变压器和铝线变压器两种；按中性点绝缘水平分类有全绝缘变压器和半绝缘变压器；按所连接发电机的台数分类有双分裂和多分裂变压器；按高压绕组有无电的联系分类可分为普通电力变压器和自耦变压器。

二、绝缘材料基本知识

制造变压器绝缘件，需要很多绝缘材料，有时还需要少量的半导体材料和导电材料。下面简单介绍绝缘材料的基本知识。

1. 定义

(1) 绝缘材料　电阻率为 $10^9 \sim 10^{22}\Omega \cdot cm$ 的物质所构成的材料在电工技术上称为绝缘材料，又称为电介质。绝缘材料对直流电流有非常大的阻力，由于它的电阻很高，在直流电压作用下，除了有极微小的表面泄漏电流外，实际上几乎是不导电的；而对交流电流则有电容电流通过，一般也认为是不导电的。绝缘材料的电阻率越大，其绝缘性能就越好。

(2) 半导体材料　介于绝缘材料和导电材料之间的材料，称为半导体材料。它的电阻率有一个较宽的范围。这里所指的半导体材料并不是用于制造半导体晶体管的材料。

(3) 导电材料　在电压的作用下，电流能很好通过的材料叫做导电材料。它的电阻率很小，如电解铜的电阻率是 $1.72 \times 10^{-7}\Omega \cdot cm$；铝的电阻率是 $2.9 \times 10^{-7}\Omega \cdot cm$。

2. 绝缘材料在变压器中的作用

绝缘材料在变压器中用以将导电部分彼此之间和导电部分对地（零电位）之间的绝缘隔离，绝缘材料加工成支撑件时，还应有良好的力学性能。绝缘材料的好坏决定着变压器的使用寿命。

3. 绝缘材料的分类

(1) 气体绝缘材料　通常情况下，常温常压下的干燥气体一般均有良好的绝缘性能，如空气、氮气等，目前用空气绝缘的气体变压器应用很广泛。

(2) 液体绝缘材料　液体绝缘材料通常以油状存在，又称为绝缘油，如变压器油、开关油、电容器油等。常见的油浸式变压器主要用25#、45#变压器油。

此外，液体绝缘材料还有绝缘胶等。

(3) 固体绝缘材料　常见的固体绝缘材料主要为绝缘纸、绝缘纸板、电工用塑料及薄膜、电工层压板（棒、管）、木材、电瓷、橡胶等。另外还有浸渍纤维制品、绝缘云母制品、复合制品以及粘带等。

4. 常见的油浸式变压器用绝缘材料及主要用途

(1) 绝缘纸板　绝缘纸板在油浸式变压器中的应用非常广泛，其常做的绝缘件主要包括：线圈撑条、油隙垫块、角环、端绝缘、纸筒、围屏、压板、拖板、各种导线夹及器身垫块等。

(2) 色木　色木主要用于制作夹持导线用的导线夹、铁心用圆木棍等。

(3) 层压木　层压木的应用越来越广泛，目前在220kV及以下产品中已经很大程度上代替了层压纸板，如铁心台阶垫块、导线夹、压板、拖板等均采用大量的层压木；在500kV以上产品中也采用部分层压木，主要用于制作铁心台阶垫块等。

(4) 电缆纸　电缆纸主要用于制作双面上胶纸；此外，电缆纸常用于包扎静电环绝缘以及导线绝缘。

(5) 皱纹纸　皱纹纸主要用于各种绝缘的包扎，如静电环绝缘层的包扎，线圈出头的包扎等。

(6) 各种布带　目前常用的布带包括白布带、涤纶丝带、高网络收缩带等多种，主要用于绝缘包扎和固定，如包扎静电环时最外层用涤纶丝带包扎；制作组合纸板筒时用收缩带打孔绑扎纸筒等。

(7) 变压器油　在油浸式变压器中，变压器油充满油箱，起着绝缘和冷却的双重作用。

第二节　变压器绝缘件的基本要求

学习目标　了解绝缘件制造、存储、运输、安全操作、工艺纪律等的基本要求。

一、绝缘件制造中的基本要求

1. 保持绝缘件的清洁

保持绝缘件的清洁，在绝缘件的生产中是至关重要的。如果绝缘件表面不清洁，含有灰尘和杂质，在变压器运行时尘埃溶于油中，将会引起游离和表面爬电，从而破坏了绝缘强度，产生不良后果。当然，绝缘件中更不能有导电杂质存在。因此，如何保持绝缘件的清洁是绝缘件制作过程中重要的工作内容，在工作中，应做到如下几点：

1）使用的工、卡、模具及转运、储存工具、工装要保持清洁无污物。

2）对绝缘材料、成品、半成品要进行覆盖，以防灰尘及杂质的侵入。

3）不能用普通铅笔、钢笔、圆珠笔、碳素笔等在纸板上乱写乱画，只能使用红蓝铅笔或划针进行标记。

4）禁止绝缘件和金属件混合加工，专用设备上禁止加工金属件。

2. 消除绝缘件上的尖角飞边

在绝缘件的加工过程中，除保持清洁外，消除绝缘件上的尖角飞边也是很重要的。绝缘件上的飞边，在变压器运行中将会脱落，在电场作用下，沿电力线排列起来，形成通电小桥而缩短爬电的路径。绝缘件上的尖角会引起尖角放电，这样会造成电气性能的降低。所以，消除绝缘件上的尖角飞边，特别是某些重要的零件是非常必要的，一般按如下原则进行处理：

（1）220kV及以下的产品　对剪床剪切、跑锯锯切的所有不需再加工的8mm以下的绝缘纸板件，加工后边缘要用小刀、砂纸去飞边；对所有层压纸板、层压木、色木等机加工件，图样中有标注的执行图样标注，图样中没有要求的也要用砂纸去飞边。

（2）330kV及以上的产品　对剪床剪切、跑锯锯切的所有不需再加工的8mm以下的绝缘纸板件，加工后边缘要用小刀、砂纸去除飞边；对所有层压纸板、层压木、色木等机加工件，图样中有标注的执行图样标注，图样中没有标注的全部用小刀、倒角器或倒角机倒角$R2$以上。

3. 使用蒸馏水进行纸板的调湿

某些绝缘件在制作过程中，需要对其进行调湿处理，如折弯件、纸板筒、成形件等，必须使用蒸馏水进行调湿。这是因为自来水中含有杂质和金属离子，在调湿过程中会粘在纸板上影响绝缘件电气性能。

4. 所有加工表面不得有炭化现象，应无金属屑及异物

在机加工过程中，必须防止绝缘件的加工表面发生炭化现象，因为炭化时产生的炭为导体，将影响绝缘件的电气性能。

二、绝缘件存储的基本要求

纸板绝缘件属于纤维结构，它有一定的吸水性和收缩性，当材料本身含水量大且不均匀

时，因为局部收缩快慢不等易产生变形。此外，绝缘件机械强度相对较低而其体积又往往很大，容易受压造成变形。同时，绝缘材料的表面又容易附着灰尘而不易清除。所以，无论是在绝缘件的生产过程还是存放过程中，都要考虑避免其受潮、变形和污染。

1）绝缘原材料、半成品及成品件存放时，应下垫上盖，防止受潮污染。

2）绝缘件在存放过程中，要避免受潮，防止尺寸吸潮变大，造成变形。一般绝缘件可用塑料袋封装保存并放入硅胶进行除湿。

3）根据不同绝缘件的特点合理存放绝缘件，避免局部受力产生变形。

① 普通平板类绝缘件，如围屏、软纸筒、屏蔽板等必须平放。

② 弯折类的绝缘件要绑扎好，独立存放，严禁挤压。

③ 对于长条类绝缘件要进行绑扎，防止变形，如直撑条等。

④ 对于成形绝缘件，如成形导线夹等，在放置中应用模具撑好，防止变形。

⑤ 对圆筒类绝缘件，如硬纸板筒、酚醛纸筒等必须立放，防止受压变形。

⑥ 圆环类的绝缘件必须平放，防止受压和立放，避免局部变形。

⑦ 某些特殊形状的绝缘件，如软角环等必须单独放置，防止受压变形。

三、绝缘件运输的基本要求

因绝缘件易吸潮，本身的机械强度相对较低而其体积又往往较大，在运输过程中易造成变形，绝缘材料的表面又容易附着灰尘而不易清除，因此，在运输过程中，要做到如下几点：

1）各种运输工具和车辆入库前，必须进行清洁处理，除掉灰尘和锈迹。

2）运输工具和车辆必须保证所运输的工件无变形或损伤。

3）装卸时要轻拿轻放，不得摔打磕碰或掉在地上。

4）绝缘件在运转出车间时，必须下垫上盖，不得露天转运。尽量不在雨天运转，非转运不可时，必须用塑料布盖严。

5）怕压的工件要装在上面，每次运输量不要过多，跟车运输的人不要坐在工件上。

四、绝缘件生产车间安全操作规程

1）认真执行工厂制订的"安全管理制度"、"工厂安全须知"、"电气设备安全操作规程"、"安全防火制度"以及其他有关安全规定。对本工种主要法规未掌握者，不准独立操作。

2）机器、设备应有专人操作，专人负责，对操作技术不熟练者，不准独立开动。

3）绝缘车间属于全密封车间，出入车间要更衣换鞋。

4）开动设备前，必须穿戴好本工种所规定的劳动保护用品，女工的发辫应放在防护帽内，严禁滥用劳动保护用品。

5）认真贯彻执行"交接班"制度，操作前应对所使用的设备和工具进行检查，如果发现有不安全因素，应立即进行排除，在未解决前不准操作。

6）操作过程中，机器设备如发现有异声等不正常现象时，应立即停车，并通知有关人员检修，严禁自行乱拆乱修。

7）绝缘车间要严禁吸烟，严禁动用烟火。

8）要熟悉本工序安全操作规程，严禁违章操作。

五、绝缘件生产车间文明生产和工艺纪律要求

1）生产开始前必须看清派工单及图样，然后按照工艺规程进行生产。

2）按图样检查材料规格是否符合要求，检查工、卡、模具是否完好。

3）操作者应保持现场及零部件的清洁，禁止与污物接触，并不得停放在地面上。

4）在加工过程中，要严格执行"三按三检"、"三不放过"，发现问题找有关部门解决，不得独自处理。

5）加工完后，对废料、下脚料要集中存放。

6）工件搬运时，要轻拿轻放，不得摔打碰撞。

7）工艺装备要保持清洁，每次用完后要擦干净，不得生锈或有尘土、油污存于表面。

8）未经许可，绝缘车间禁止加工金属件和其他导电材料。

9）操作者的工具箱要做到内外整洁，分类定置，量具定期送检。

第三节 绝缘件下料

学习目标 了解常见绝缘件下料设备的基本结构；掌握下料方法，能进行简单绝缘件的下料；层压纸板制作的基本知识。

一、基本下料方法

常见绝缘件的下料方式主要有剪切和锯切两种，剪切方式只能用于加工 3mm 及以下的薄纸板，3mm 以上的纸板必须采用锯切方式，此外，除纸板外的其余绝缘材料，如层压木、色木等也必须采用锯切方式进行下料。

1. 剪床下料（以 QA11 – 6.3 ×2000 型剪床为例）

（1）剪床的基本结构 QA11 – 6.3 ×2000 型剪床的结构如图 2-1 所示。

（2）剪床的使用方法

1）合上电源，按下起动按钮使电动机开始运转，当电动机达到额定转速时，将需要剪切的纸板放到剪切口，用脚踩下脚踏板即可进行剪切加工。

2）剪切完毕后，应切断电源。

（3）剪切加工示例 剪切一张 2mm × 1100mm ×1500mm 的纸板（假设用一张不规则的边角料进行下料）。

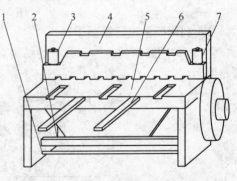

图 2-1 QA11 – 6.3 ×2000 型剪床的结构
1—螺杆 2—下横梁 3—左立柱
4—上横梁 5—工作台 6—托料板 7—右立柱

1）上前挡板。首先松开固定挡板的两个螺栓，一手用钢卷尺勾住下剪刀，另一手挪动挡板，使挡板里边两端对齐钢卷尺上 1100mm 刻度处，将螺栓放入槽内，然后分别测量挡板两端至剪刀口的距离，尺寸不符合要求时调整挡板位置直至达到要求尺寸为止，拧紧固定螺栓，如图 2-2 所示。

2）上侧挡板。如图 2-2 所示，用直角尺检测侧挡板与剪刀口是否呈直角，如不呈直角时，松开侧挡板紧固螺栓，将直角尺一条边与剪刀口对齐，调整侧挡板使其与直角尺的另一直角边对齐，然后上好紧固螺栓。

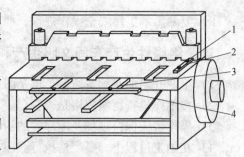

图 2-2　前挡板和侧挡板放置示意图

1—螺栓　2—侧挡板　3—固定螺栓　4—前挡板

3）剪切。检查设备是否处于正常状态，一切调整好后，接通电源，起动机床，将纸板料送入工作台，按图 2-3 顺序剪切，首先剪切纸板的一条边，然后以此边为基准边，将其靠紧侧挡板，剪切其两个垂直边，然后剪切出其长度即可。

纸板剪切顺序说明如下：

① 按图 2-3a 将纸板原料送入剪床。

② 按图 2-3b 用剪床剪切 A 边。

③ 按图 2-3c 将纸板顺时针旋转 90°，以 A 边为基准边，使其靠紧侧挡板，剪切 D 边，保证 AD 两边垂直。

④ 按图 2-3d 翻转纸板，使 D 边靠紧前挡板，剪切 B 边，则 A 边长度为 1100mm。

⑤ 按图 2-3e 重新调整前挡板尺寸，使前挡板与剪刀口间距离为 1500mm，然后使 A 边靠紧前挡板，剪切 C 边，则 B 边尺寸为 1500mm。

4）剪切结束。加工完毕后，关闭电源，清扫设备及四周。

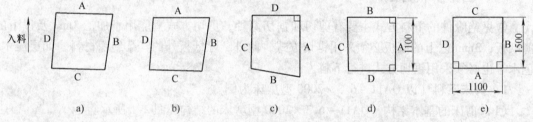

图 2-3　纸板剪切顺序

2. 利用圆剪进行纸圈下料

（1）常用圆剪的结构　圆剪的结构如图 2-4 所示。

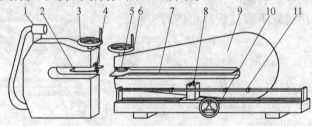

图 2-4　圆剪的结构

1—电动机　2—前托盘　3—剪刀调整手轮　4—上、下剪刀　5—压紧装置　6—压紧手轮
7—后托盘　8—定位装置　9—尾座部分　10—定位手轮　11—定位挡块

（2）圆剪的使用方法

1）检查圆剪机一切正常后，接通电源，使机器处于运转状态。

2）提起上剪刀，将纸板方料放入圆剪机上，在中心位置用压紧手轮压紧。

3）调整圆剪刀，降至合适位置进行剪切。

4）剪切完毕后，抬起上剪刀，松开中心压紧轮，取出成品及余料，切断电源。

（3）圆剪加工示例　剪切一个 3mm ×（φ1500mm/φ1600mm）即厚度 3mm、内径 1500mm、外径 1600mm 的纸圈（假设所用料为 1650mm × 1650mm 的方料）。

1）打开电源，起动设备。

2）旋转定位手轮移动圆剪尾座部分，使剪刀与压紧装置中心距离为 750mm，滑动定位挡块至定位装置处，将挡块拧紧固定。

3）重新旋转定位手轮，使剪刀与压紧装置中心距离为 800mm，滑动定位挡块至定位装置处，将挡块拧紧固定。

4）将方料放到托盘上（此时上剪刀提起），旋转压紧手轮使压紧装置将料压紧。

5）旋转剪刀调整手轮使上剪刀慢慢降下，剪切外圆，加工完毕后，提起上刀。

6）摇动尾座使其向前移动到内径挡块位置加工出内径。

7）加工完毕后，关掉电源。

3. 跑锯下料

（1）常用跑锯的结构　跑锯的结构如图 2-5 所示。

（2）跑锯的使用方法

1）打开控制箱电源开关。

2）将料放在工作台上，按动锯片移动按钮（向左或向右），锯切纸板。

3）锯切完毕后，关闭电源。

（3）跑锯加工示例　锯切一张 1500mm × 2000mm 的纸板（原料为 2100mm × 3200mm 的整张纸板）。

1）将纸板放在工作台上，用钢卷尺一端钩住工作台锯片位置，另一端打开至 1500mm 尺寸，移动纸板，使其一端与钢卷尺 1500mm 尺寸对齐（为了保证尺寸，通常用两个钢卷尺在纸板两边分别进行定位），开动锯片进行锯切。

2）将纸板旋转 90°锯切另一条边，方法同上，但尺寸为 2000mm。

4. 带锯锯切纸板

（1）MJ348A 型带锯的结构　MJ348A 型带锯的结构如图 2-6 所示。

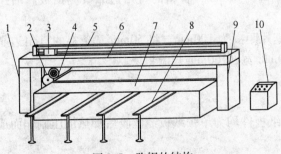

图 2-5　跑锯的结构

1—左立柱　2—锯片　3—滑动装置　4—电动机　5—滑轨
6—横梁　7—工作台　8—纸板托架　9—右立柱　10—控制箱

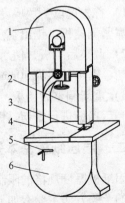

图 2-6　MJ348A 型带锯的结构

1—上锯轮　2—锯条引导装置　3—锯条
4—工作台　5—制动闸　6—机身

（2）带锯的使用方法

1）接通电源，按下起动按钮，带锯轮工作正常后即可选料加工。

2）工作完毕后将上锯轮下降，放松锯条，关闭电源。

（3）带锯加工示例　锯切一块 20mm×50mm×100mm 的垫块（厚度为 20mm，宽度为 50mm，长度为 100mm）。

1）选取一块厚度为 20mm 的纸板料，用直角尺、红蓝铅笔等划出垫块的边缘线，在划线中给出锯口量 2~3mm。

2）接通电源，起动带锯，先将纸板加工成 50mm 宽的条料，在送料过程中，掌握住送料方向，并不断的左右移动进行调整，送料速度适当，不要过快。

3）将加工出的条料锯成 100mm 长的垫块。

5. 推台锯锯切层压纸板

（1）推台锯的结构　MJY6125 型推台锯的结构如图 2-7 所示。

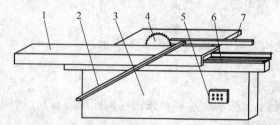

图 2-7　MJY6125 型推台锯的结构
1—工作台　2—侧挡板　3—机身　4—锯片　5—控制箱　6—滑轨　7—后挡板

（2）推台锯的使用方法

1）先接通电源，再按动床身侧面控制箱上的绿色按钮，锯片开始转动。

2）将工件放到工作台上，推动工作台移动，使工件经过锯片。

3）工作完毕后切断电源。

（3）推台锯加工示例　锯切一块 20mm×50mm×100mm 的垫块（厚度为 20mm，宽度为 50mm，长度为 100mm）。

1）首先选取一块厚度为 20mm 的纸板料，将料锯切出一边，然后顺时针旋转 90°，使锯切边靠紧侧挡板，锯出直角边。

2）调整后挡板，使后挡板距锯片距离为 50mm，将料的直角边靠紧侧挡板和后挡板进行锯切，锯出的料为 50mm 宽的条料。

3）重新调整后挡板，使后挡板与锯片距离为 100mm，将 50mm 宽条料的直角边靠紧侧挡板和后挡板进行锯切，锯出的料为 50mm 宽、100mm 长的垫块。

二、层压纸板基本知识

因纸板厚度规格的限制，大部分厚纸板件均为单张纸板经上胶后加热加压制作而成，其常用的上胶方法主要有如下两种：

1. 刷胶件

所谓刷胶件即在纸板上直接刷胶晾干后再进行热压，常用的胶为 1411 酚醛树脂胶，其为一种棕红色透明液体，有刺激性气味，需要在 120℃ 左右的温度下经受一定的压力和时间，才可固化，其溶剂为酒精。常采用刷胶方法制作的绝缘件主要如下：

1）垫板、压板、拖板、层压端圈、静电环骨架等圆环件一般采用刷酚醛树脂胶的方式制作。

2）T形撑条采用刷胶方式制作。

3）用边角余料拼接层压纸板时采用刷胶方式。

2. 码纸件

所谓码纸件即在两张纸板间铺一层双面上胶纸然后进行热压的方式，双面上胶纸通常采用在绝缘纸上两面涂刷酚醛树脂后加热烘干固化制成。常用的直撑条、垫块等均采用码双面上胶纸的方式进行制作。

第四节　绝缘件加工

学习目标　掌握绝缘件划线和固定的基本知识，能进行简单零部件的固定、划线、加工和装配。

一、绝缘件的划线

1. 绝缘件划线的基本要求

根据绝缘件的特点，绝缘件的划线主要分为垫块类、纸筒围屏类、导线夹类和端圈类的划线，对于垫块类、纸筒围屏类和导线夹类来说，划线时必须先确定好基准线，保证图样中给定尺寸的部分；对于端圈类来说，划线难点是找出端圈的中心线。在划线时，必须注意如下几点：

1）在绝缘件上划线必须使用红蓝铅笔，不允许使用碳素笔、圆珠笔、钢笔等，这是因为这些笔的笔芯为导体或半导体，划在绝缘件表面时形成表面通路，造成放电，所以严禁在绝缘件上使用。

2）在划线时，必须遵循"两点确定一条直线"的原则，划每一条线，都必须量取两个点，再通过这两点取一条直线，保证尺寸。

3）划线时，必须根据图样给定的尺寸及基准线进行划线，以保证尺寸，使累积公差在图样没有要求的尺寸上，保证绝缘件能顺利装配。

2. 绝缘件划线的主要工具

划线使用的工具叫做划线工具，划线工具主要包括：划针、划规（圆规）、样冲等。

（1）划针　划针是一根直径 $3\sim5mm$、长 $200\sim300mm$ 的钢针，其尖端经加工后淬火硬化，用于在工件表面划线。

划针尖端是否锐利与划线质量有很大关系。钝了的划针，一般要用油石或砂轮磨锐后再使用。

（2）划规（圆规）　划规的用途是等分线段、作角度和作圆等。

要使划规划线准确，对划规本身主要有三个要求：

1）划规的两角要等长，脚尖能靠紧，这样才能划出小圆。

2）两脚开合的松紧程度要适宜，以免划线时自动张缩。

3）脚尖要锐利，这样不仅划出的线清楚，而且能避免滑移。

使用划规时要注意：

1）在钢直尺上量取尺寸必须重复几次，以免产生量度误差。

2）作圆时应将压力加在中心脚上。

（3）样冲　在划圆或钻孔前，其中心要打上样冲眼，打样冲眼所用的工具叫做样冲。样冲用工具钢制成，并经淬火硬化。

3. 划线实例

（1）垫块等的划线　以图2-8所示垫块为例进行划线（原料为剪切好尺寸的矩形纸板）。

1）将垫块平放在工作台上。

2）以纸板下边180mm宽边为基准线，向上量130mm划一条线；以纸板左侧330mm边为基准线，向右量100mm划一条线，两条线相交。

3）划孔中心线：以纸板下边180mm宽边为基准线，向上量30mm划一条线，以纸板左边330mm边为基准线，向右量25mm划一条线，两条线相交即为左边孔的中心线；以左边孔的中心线为基准，向右量50mm与第一条线相交，即为右边孔的中心线。

（2）纸筒围屏类的划线　以图2-9所示围屏为例进行划线（原料为加工好外形尺寸的纸板）。

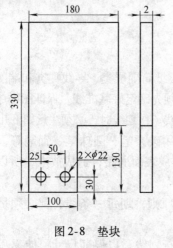

图 2-8　垫块

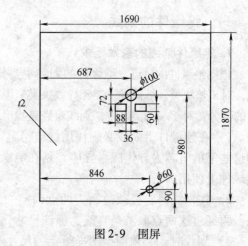

图 2-9　围屏

1）将纸板平放在工作台上，以1870mm宽边为基准向右量687mm划一条线；以1690mm宽边为基准向上量980mm划一条线；两条线的交点即为ϕ100mm圆孔的圆心。同理划出ϕ60mm孔的圆心。

2）以ϕ100mm圆的圆心为起点，沿竖直中心线向下量72mm并划线，然后向左依次量36mm、124mm划线，72mm线即为左边方孔的上边缘线，然后按图样要求划出方孔的其余边缘线；同理划出圆孔右侧的方孔边缘线。

（3）导线夹等的划线　以图2-10所示导线夹为例进行划线（外形尺寸已经加工完毕）。

1）将导线夹平放在工作台上，60mm宽边垂直于台面；以右端面为基准面，在中心线上用钢直尺从右向左依次确定出距离为25mm、80mm、160mm、190mm及150mm的孔的中心点，并用样冲进行冲眼。

2）以中间孔的中心线为基准，用钢直尺在此孔的两侧量出间隔60mm的点，以此点为基准向外量70mm，过这两点做中心线的垂直线，间隔70mm的两条平行线之间即为开槽位置。再以靠近左端面的孔的中心线为基准线，按图量出最左边槽的位置线。

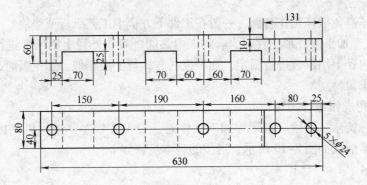

图 2-10　导线夹

3）将工件转旋 90°，用直角尺划出开槽的深度线，再从最右端开始，用直角尺做台阶长度的尺寸线及深度线。

4）将导线夹再翻转 90°，用直角尺划出台阶终止线。

（4）端圈的划线　以图 2-11 所示端圈为例划出端圈的开口线。

1）用钢卷尺测量端圈的外径，测量时使钢卷尺的一端固定，另一端左右旋转，找出尺寸的最大值即为端圈的直径，然后用红蓝铅笔在端圈的幅向上划出此直径线作为中心线。

2）分别划出中心线向左和向右 60mm 处的平行线，找出平行线与外径的交点，然后分别找出两条平行线上距交点 50mm 的点，连接此两点即可。

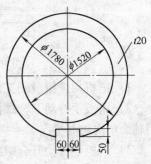

图 2-11　端圈

二、工件的定位

工件的定位是指用机加工设备加工工件时，用工具将工件固定，避免加工时发生工件位移，常见的定位方式有如下三种：

1. 将工件直接固定在工作台上

1）利用刨床、铣床、钻床、镗床等加工工件时，若工件较薄、较窄，可以直接固定在工作台上，如图 2-12 所示，定位的基本步骤如下：

① 将工件放在工作台上，尽量放在两个 T 形沟槽的中间。

② 将 T 形螺栓 T 形头向下放入沟槽内，上面放上压板和螺母。

③ 使压板压在工件上，同时准备垫块垫在工作台和压板之间，使压板放平，拧紧螺母即可。

④ 一个工件一般需要用 2 块或 4 块压板进行固定。

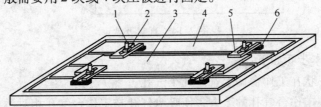

图 2-12　直接固定在工作台上

1—T 形螺栓　2—螺母　3—工件　4—工作台　5—压板　6—垫块

注意：为了避免破坏工作台面，一般在工件下方垫上工艺纸板或垫块。

2）利用立车加工圆环形工件时，若加工内圆周，可在外径上用压板进行固定；若加工外圆周，可在内径上用压板进行固定，加压板的方式与上面相似。加压板时，注意使压板在圆周上均匀分布。

2. 利用机用虎钳进行固定

利用刨床、铣床、钻床、镗床等加工工件时，若工件较厚，可用机用虎钳进行工件固定，定位的基本形式如图 2-13 所示，定位的基本步骤如下：

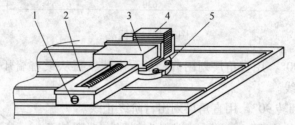

图 2-13　机用虎钳装卡示意图

1—开合螺栓　2—工作台　3—机用虎钳　4—工件　5—固定螺栓

1）把机用虎钳放到工作台上，用螺栓将其固定。

2）用扳手拧动开合螺栓，使钳口松开，将工件放到钳口位置，若工件厚度较小时，可用辅助垫块将其垫高。

3）用扳手拧动开合螺栓至工件夹紧为止。

3. 真空吸附定位

用数控加工中心加工工件时，工件的固定主要采用真空吸附方式。

（1）利用工作台上的气孔进行固定　工件固定的基本步骤如下：

1）根据工件大小和形状，选择好气孔，将气孔周围用密封胶条封闭。

2）将工件放在气孔上方，开动真空泵即可。

注意：密封胶条封住的部分必须完全被工件覆盖，不得有孔、槽等以避免漏气；此外，气孔的数量要足够多，避免因气压小，在加工时发生工件位移。

（2）利用真空吸盘进行固定　常见的真空吸盘如图 2-14 所示。

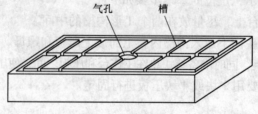

气孔　　　槽

图 2-14　真空吸盘

固定工件的基本步骤如下：

1）根据工件形状在工作台面上选定几个气孔。

2）将吸盘放在工作台气孔的上方，使吸盘气孔与工作台气孔相对。

3）将密封胶条放入吸盘上的槽内，使气孔周围形成一个封闭区域，注意密封区域内工件上不得有槽、孔等漏气的部位。

4）把工件放在吸盘上方，开动真空泵即可。

三、简单绝缘件的制作

一般绝缘件的加工主要有如下几个步骤：

1）看清图样，分析加工工件所需的工序。

2）准备所需的设备和工具、量具等。

3）根据图样进行划线。

4）进行工件加工，一般先加工工件的外围尺寸，然后打眼、开槽、倒角和去飞边等。

5）生产批量较大的工件，必须在加工完 1~2 件后进行检查，检查无误后再继续加工。

6）工件加工完毕，进行自检、互检、专检。

下面举例进行介绍：

1. 简单垫块的制作

以图 2-8 所示垫块为例：

（1）工艺分析　此垫块的加工需经过下料、打孔、开槽、去飞边等工序。

（2）准备工作

1）设备：剪床、台钻。

其中，台钻的结构如图 2-15 所示。

2）工具：曲线锯、小刀、红蓝铅笔、砂纸。

3）量具：钢卷尺、卡尺。

4）材料：2mm 厚绝缘纸板。

（3）加工

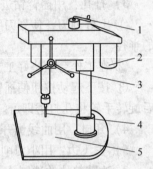

图 2-15　台钻的结构
1—升降手柄　2—电动机
3—上下手轮　4—钻头
5—工作台

1）下料：用剪床剪切 2mm 厚、180mm 宽、330mm 长的纸板。

2）划线：按划线要求进行划线。

3）打孔：用台钻进行打孔。

① 首先在工作台上垫好工艺垫块，防止钻孔时打坏台面。

② 按下起动按钮使台钻开始工作。

③ 将工件放在钻头下方，孔中心对正钻头中心。

④ 逆时针旋转手柄使钻头缓慢下降，当钻头点降至纸板表面时，立即顺时针旋转手柄使钻头上升，查看钻头中心与工件孔中心是否一致，不一致时要调整工件位置，最后下降钻头将孔钻透即可。

4）开槽：用曲线锯开槽。

按住曲线锯把手上的开关，使曲线锯开始工作，然后沿划好的线锯切，注意锯切时要使锯条与锯切面相垂直，锯切完毕再松开开关。

5）去飞边：用小刀削去孔周围飞边，用砂纸清除纸板周围的飞边。

2. 围屏的制作

以图 2-9 所示围屏为例。

（1）工艺分析　此围屏的加工需经过下料、划线、打孔、开口、去飞边等工序。

（2）准备工作

1）设备：剪床、长臂钻床。

其中长臂钻床的外观如图 2-16 所示。

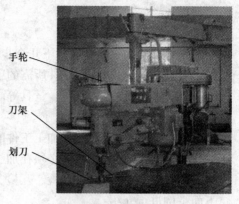

手轮

刀架

划刀

图 2-16　长臂钻床的外观

2）工具：曲线锯、小刀、红蓝铅笔、砂纸。

3）量具：钢卷尺、卡尺。

4）材料：绝缘纸板。

（3）加工

1）下料：用剪床剪切 2mm 厚、180mm 宽、330mm 长的纸板。

2）划线：按划线要求进行划线。

3）打孔：用摇臂钻进行划孔。

① 上好划刀，使划刀距刀架中心的距离为孔的半径。

② 在工作台上垫好工艺垫块，防止划孔时打坏台面，将所加工纸板放在工艺垫块上。

③ 按下起动按钮使摇臂钻开始工作；旋转手轮使刀架下移，孔中心对正支架中心；然后旋转手轮将孔打透即可。

4）开口：用曲线锯开口。

5）去飞边：用小刀削去孔周围飞边，用砂纸清除纸板周围飞边。

3. 油隙垫块的冲制

油隙垫块如图 2-17 所示。

（1）工艺分析　此种垫块要用模具在冲床上加工；油隙垫块一般质量要求严格，需去掉尖角飞边。

（2）准备工作

1）设备：冲床。

2）工具：垫块冲模、钢锉、卡尺。

3）材料：宽度为 W、厚度为 t 的条料。

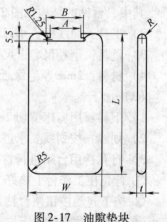

图 2-17　油隙垫块

（3）加工

1）检查所上冲模是否正确，宽度、槽口是否符合图样要求。

2）接通冲床电源，然后按下起动按钮，电动机开始运转，选择好单冲或连续冲压，将条料放到冲模上，进行垫块冲制。

3）用锉刀对冲下的垫块进行去毛刺、清理，注意去毛刺时要顺着纸板的纤维方向进行打磨。

第五节　绝缘件装配

学习目标　掌握绝缘胶的基本知识；能进行纸板的拼接制作；能进行简单绝缘件的装配。

一、装配用粘合剂的基本知识

绝缘件装配常用的粘合剂主要有聚乙烯醇胶和耐热电工乳白胶。

1. 聚乙烯醇（PVA）胶

（1）外观　白色透明液体，仔细观察时液体中有可见的悬浮颗粒。

（2）粘接性能　在常温下即可固化，属于冷粘胶，一般只用于粘接层数较少（少于4层）的绝缘纸板，如在制作端圈、铁轭绝缘等时用于垫块和纸圈的粘接。

（3）稀释　聚乙烯醇胶为聚乙烯醇粉末和蒸馏水加热熬制而成，在熬制时可根据两者的不同比例进行浓度的调配。

（4）使用方法

1）准备工作：

① 工具：胶瓶、毛刷、压块或粘合机。

② 材料：聚乙烯醇胶、要粘接的纸板。

2）分析图样：根据图样，确定好刷胶方式，一般刷胶方式根据如下原则进行确定：除去模压件，其余所有纸板件使用聚乙烯醇粘接时，全部采用点粘或花粘方法粘接，具体要求如下：

① 点粘涂胶方法。用胶瓶在涂胶点上挤胶，当面积较大时，可用毛刷涂胶。胶点大小根据工件的大小确定，以能粘住为准。

② 花粘涂胶方法。用胶瓶边移动边挤胶。胶道可为平行线形，也可为"U"形，或"X"形，如图 2-18 所示，但不可形成封闭的环形，如图 2-19 所示。当工件的面积较大时，也可用毛刷进行涂胶。

图 2-18　正确涂胶法

图 2-19　错误涂胶法

3）操作要求：根据工件的不同，有不同的操作要求。

① 纸板与垫块类绝缘件的粘接。纸板与垫块类，包括铁轭绝缘、端圈、夹件绝缘等，此种绝缘件在使用聚乙烯醇粘接时，要求用胶瓶在垫块上涂胶，将涂胶的垫块准确地放在要粘接的位置上，用铁压块冷压 2h 以上。

② 线圈复合垫块能直接穿到撑条上的外导向垫块不粘合，其余复合垫块采用点粘或花粘方法粘接，将同一尺寸的垫块摞在一起，用铁垫块冷压 2h 以上。

③ 4～6mm 纸圈的粘接。对于端圈上使用的 4～6mm 厚纸圈，采用冷粘方法粘接时，要求刷胶方式为花刷，在垫块的中间位置用胶瓶涂一道胶，内外径侧距边缘一定范围内不涂胶，以防胶溢出，用铁垫块冷压 2h 以上，可与垫块一起粘接冷压；对于单独使用的纸圈，如 6mm 厚的垫板，采用冷粘方法粘接时，沿辐射线用胶瓶涂胶，数量不少于端圈上垫块等分数，在每道胶上面位置放铁垫块冷压，时间不少于 2h。

④ 撑板绝缘由 2～3 层粘接时，采用花粘方式，一般沿长度方向用胶瓶涂胶，由于长度较长，要求每道胶断开几段，如图 2-20 所示。

⑤ 其余绝缘件除模压件，凡采用聚乙烯醇冷粘接的，均采用点粘或花粘方式粘接。

图 2-20　撑板刷胶方式

4）注意事项：

① 聚乙烯醇粘合剂在干结成膜后就失去粘接性能，所以需要把已涂好粘合剂的绝缘纸板尽快压制。

② 除图样技术条件规定用聚乙烯醇粘合剂外，聚乙烯醇粘合剂一般只适用于被粘合的层数不超过两层的绝缘件，但面积小的层压件（如线圈垫块）在不起层的情况下，粘合层数可适当增加。

2. 耐热电工乳白胶

（1）外观　白色、无可见颗粒的乳状液体。

（2）粘接性能　为冷粘胶，一般只用于粘接木材和层压木，如铁心用台阶垫块分层制作再粘接等。

（3）稀释　无法再稀释。

（4）使用　同聚乙烯醇。

二、绝缘纸板的拼接

根据使用要求的不同，绝缘纸板幅面不够或需要装配成圆形时有如下几种拼接方式：

（1）对接　主要用于对厚度要求较高的部件，其对接缝根据要求而定，基本形式如图 2-21 所示。

（2）平搭接　主要用于软纸筒、围屏等薄纸板的搭接，搭接缝为 50～100mm，搭接缝用聚乙烯醇进行粘接，基本形式如图 2-22 所示。

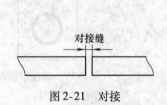

图 2-21　对接　　　　　　　　图 2-22　平搭接

（3）斜搭接　主要用于制作硬纸筒时的搭接，搭接缝为斜面，搭接长度为厚度的 20 倍，搭接缝用聚乙烯醇加压粘接，其基本形式如图 2-23 所示。

（4）拼接　主要用于铁心撑板绝缘等的接长，拼接面处加工出台阶，一般纸板厚度应在 3mm 以上，其基本形式如图 2-24 所示。

图 2-23　斜搭接　　　　　　　　图 2-24　拼接

三、简单绝缘件的装配

1. 夹件绝缘的制作

夹件绝缘基本形式如图 2-25 所示。

（1）准备工作

1）设备：剪床、推台锯。

2）工具：胶瓶、铁压块、钢卷尺、红蓝铅笔。

3）材料：绝缘纸板、垫块、聚乙烯醇。

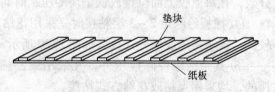

图 2-25　夹件绝缘的基本形式

（2）制作

1）用剪床加工出所需的纸板料，用砂纸清除纸板剪切面的飞边。

2）用推台锯加工出所需的垫块，用小刀或倒角机对垫块进行倒角。

3）将剪切好的纸板放在工作台上，以纸板的一边为基准，在纸板上划出垫块的边缘线。

4）在垫块上按要求涂上聚乙烯醇胶，按划线位置放好。

5）在垫块上压上铁压块进行冷压，时间要求 2h 以上。注意在铁压块与工件间垫上工艺用纸，防止金属异物粘到工件上。

6）冷压完毕，取下铁压块，工件制作完成。

2. 端圈的粘接

端圈的基本形式如图 2-26 所示。

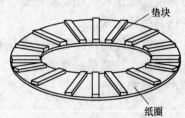

图 2-26 端圈的基本形式

（1）准备工作

1）设备：跑锯、圆剪、推台锯。

2）工具：胶瓶、铁压块、钢卷尺。

3）材料：纸板、垫块、聚乙烯醇胶。

（2）组装 把需粘合垫块的纸圈平放在工作台上，从胶瓶挤出胶涂在垫块上，然后把垫块放在规定的位置，所有垫块放完以后，再校正一次，最后用铁压块压在垫块上，在室温下进行固化。若纸圈为两面粘合垫块，则可待一侧垫块粘合固化后，再翻粘另一面垫块。

第六节 绝缘件浸渍处理

学习目标 掌握简单绝缘件的浸渍处理要求。

目前，进行浸渍处理的绝缘件主要有酚醛纸板、酚醛布板和环氧玻璃布板等，下面简单介绍这些零件的浸漆处理。

一、准备工作

（1）设备 烘干炉、浸渍槽。

（2）工具 比重计、300mL 量筒。

（3）材料 酚醛树脂漆、白布。

二、基本操作

（1）检查胶液 用比重计测量酚醛树脂漆的体积质量，体积质量为 $0.995 \sim 1.005 \text{g/cm}^3$。

（2）检查零件 检查要浸漆的零件是否合格，用白布将其擦干净。

（3）零件的预烘 将零件入炉，以每小时不大于 30℃ 的速度将温度升至 90 ~ 100℃，保温 5h，烘焙结束，将炉温降到 60℃ 以下出炉。

（4）零件的浸漆 将经过预烘的零件慢慢放入漆中停留约 1min 后取出，零件滴干至不粘手为准。

（5）浸漆后烘干 将滴干漆的零件放到烘炉内，相互间距不得小于 10mm，以防零件粘在一起。以每小时不大于 30℃ 的速度将温度升至 110 ~ 120℃，保温 3h 后，将炉温降至 60℃ 以下出炉。

第三章 检 测

绝缘件的检验就是借助于某种手段或方法检测绝缘件的质量，根据检测结果同规定的质量标准进行比较，确定哪些是合格品，哪些经过返修可用，哪些是废品，对重要工序的检验需认真进行记录。

在绝缘件制作过程中，要认真实行"三按三检"，其中"三按"为按图样加工、按工艺规程操作、按质量标准检查；"三检"为自检、互检、专检，只有严格控制质量，才能保证生产的顺利进行。

第一节 尺 寸 检 测

学习目标 掌握基本测量工具的使用方法；能进行简单零部件的检测。

绝缘件的外形尺寸检查是最直观的质量检查，这种质量特征比较明显，在尺寸公差标准上，相对于金属加工来说其公差较大，一般检查绝缘件外形尺寸所采用的测量工具是钢卷尺、钢直尺、卡尺、π尺等，作为初级工，主要掌握钢卷尺、钢直尺等基本测量工具的使用。

（一）测量方法

测量绝缘件的尺寸时，将钢直尺的刻度线对准所要测量的线，读出两条刻度线间的距离即为所要测量的尺寸，如图 3-1 所示。

图中，工件宽度为 52.5mm － 30mm ＝ 22.5mm，其中 0.5mm 为估计值。

测量注意事项如下：

1）测量时，要将钢直尺放正，测量两线间的垂直距离，不能将钢直尺斜放，如图 3-2 所示。

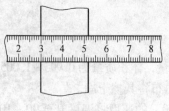

图 3-1 测量示意图

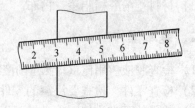

图 3-2 错误测量

2）测量时，一般要使用钢直尺中部的刻度线，只有在测量台阶时才能使用钢直尺的左端面。

3）读数时，应在直尺的上方垂直向下看，而不能斜着看，否则由于视角的存在而造成误差。

另外，还可以采用钢卷尺进行测量。

（二）下料尺寸的检测

1. 纸板下料

1）一般纸板的允许偏差见表 3-1。

表 3-1　一般纸板的允许偏差　（单位：mm）

直线标称尺寸	宽度偏差	长度偏差	对角线互差
≤100	−0.5 ~ +0.5	−0 ~ +2	2
101 ~ 500	−1 ~ +1	−0 ~ +3	4
501 ~ 1200	−1 ~ +3	−0 ~ +4	6
1201 ~ 2000	−1 ~ +4	−0 ~ +5	8
≥2000	−1 ~ +5	−0 ~ +6	10

2）隔板类主要尺寸的允许偏差见表 3-2。

表 3-2　隔板类主要尺寸的允许偏差　（单位：mm）

直线标称尺寸	宽度偏差	长度偏差	对角线互差
<500	−1.0 ~ +1.0	−1.0 ~ +1.0	≤1.0
500 ~ 1000	−2.0 ~ +2.0	0 ~ +2.0	≤2.0
1000 ~ 1500	−1 ~ +3	0 ~ +3	≤3.0
1500 ~ 2000	−1 ~ +4	0 ~ +4	≤5.0
>2000	−1 ~ +5	0 ~ +5	≤8.0

3）纸筒和围屏长度偏差为 0~10mm，高度偏差按表 3-2 中的宽度偏差控制。

2. 铁轭绝缘、铁轭垫块、端圈用纸圈的下料

铁轭绝缘、铁轭垫块、端圈用纸圈的允许偏差见表 3-3。

表 3-3　铁轭绝缘、铁轭垫块、端圈用纸圈的允许偏差　（单位：mm）

幅向尺寸	内径偏差		外径偏差	
>80	0 ~ +2			−1 ~ +3
≤80	≤1800	0 ~ +3	≤1800	−2 ~ +2
	>1800	0 ~ +4	>1800	−3 ~ +3

3. 夹件绝缘、端圈用层压垫块的下料

夹件绝缘、端圈用层压垫块的允许偏差见表 3-4。

表 3-4　夹件绝缘、端圈用层压垫块的允许偏差　（单位：mm）

标准厚度	厚度偏差	厚度不均匀度	长、宽偏差
≤20	−0.5 ~ +0.5	≤0.5	−3 ~ 0
20 ~ 60	−1 ~ +1	≤1.0	
>60	−1.5 ~ +1.5	≤1.5	

（三）简单零件的检测

1）线圈油隙垫块尺寸公差如图3-3所示。

2）围屏等开孔的检测：孔直径偏差 0 ~ +2mm；孔中心距偏差 -1 ~ +2mm。

（四）简单装配绝缘件的检测

1）夹件绝缘尺寸要求见表3-5。

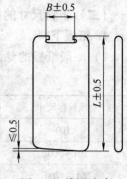

图 3-3　线圈油隙垫块尺寸公差

表 3-5　夹件绝缘尺寸要求　　（单位：mm）

长度偏差	宽度偏差	厚度偏差	垫块间距互差
-2 ~ +2	-1 ~ +1	-1 ~ +1	≤5

2）端圈尺寸要求见表3-6。

表 3-6　端圈尺寸要求　　（单位：mm）

厚度	偏差	垫块位置偏差	类型	内径偏差	外径偏差
≤32	0 ~ +2	-2.5 ~ +2.5	开口类	0 ~ +2	-3 ~ +3
>32	-1 ~ +3		不开口类	-1 ~ +2	-2 ~ +2

第二节　外　观　检　测

学习目标　掌握简单绝缘件的外观检测要求。

因绝缘件的绝缘作用，绝缘件的外观要求非常严格，最基本的外观检测有目视、手模等，常见要求如下：

（1）单张纸板、单片纸圈类的外观检测

1）表面清洁无污物，无破损。

2）断面光滑，无飞边。

3）表面平整，无翘起等变形。

（2）层压垫块的外观检测

1）表面清洁无污物，无破损。

2）锯切面光滑，没有炭化现象。

3）边棱按要求倒角。

4）无起层、开裂现象。

（3）线圈垫块的外观检测

1）表面清洁无污物，无破损。

2）侧棱倒角光滑，无炭化现象。

3）冲口整齐，无尖角、飞边。

（4）夹件绝缘、端圈等的外观检测

1）表面清洁，无污迹、破损。

2）垫块按要求倒角、去飞边。

3）粘接牢固，粘接处无胶液溢出。

第二部分 中级技能

第四章 工艺准备

第一节 读 图

学习目标 能识读一些较复杂的绝缘零件及一些简单装配绝缘件。

一、斜端圈

1. 零件图样（见图 4-1）

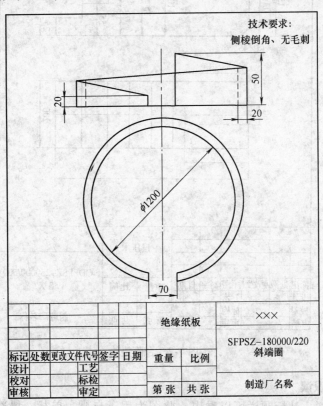

图 4-1 斜端圈

2. 零件图的识读

（1）看标题栏　从标题栏可以看出，此零件用于三相、风冷、强迫油循环、三绕组、有载调压、180000kV·A、220kV变压器中，材料为绝缘纸板。

（2）分析图形　此图采用主俯双视图，该零件是一个下端面为平端面，上端面为螺旋形端面，中部开口的斜端圈。

（3）分析尺寸　从图中可以看出，此斜端圈内径为1200mm，壁厚20mm，螺旋端面小头高20mm，大头高50mm，中部开70mm宽的口。

（4）看技术要求　要求侧棱倒角、无飞边。

二、台阶垫块

1. 零件图样（见图4-2）

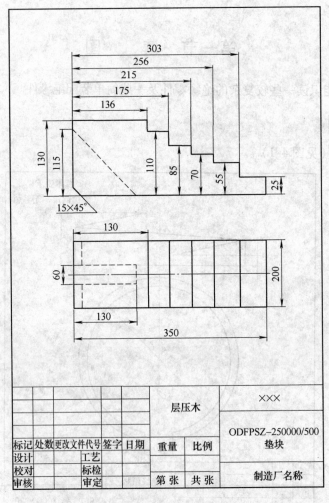

图4-2　台阶垫块

2. 零件图的识读

（1）看标题栏　从标题栏可以看出，此图为用于自耦、单相、风冷、强迫油循环、三绕组、有载调压、250000kV·A、500kV 变压器中的一个垫块，所用材料为层压木。

（2）分析图形　此图采用主俯双视图，是一个阶梯形的垫块，其左下方开一斜坡槽，直角棱边倒角。

（3）分析尺寸　从图中可以看出，所给出的各台阶的尺寸均为距基准面的绝对尺寸，加工时必须首先加工出基准面，各台阶高度方向的基准面为垫块的下底面，各台阶宽度方向的基准面为垫块的左侧面，加工时必须保证各台阶距基准面的尺寸，而不必要求台阶本身的宽度和高度。如：以距底面85mm 高的台阶为例，加工时必须确保其上平面距垫块底面的尺寸为85mm，其右侧面距垫块左侧面的距离215mm，而计算出的此台阶的宽度40mm 和高度15mm 则可能因为累积公差的原因相差较大。

加工斜坡槽时必须首先计算出一个角度，然后用角度钳夹紧定位，再进行铣削或刨削加工，15mm×45°的倒角也可用角度钳进行定位。

三、简单端圈

1. 零件图样（见图4-3）

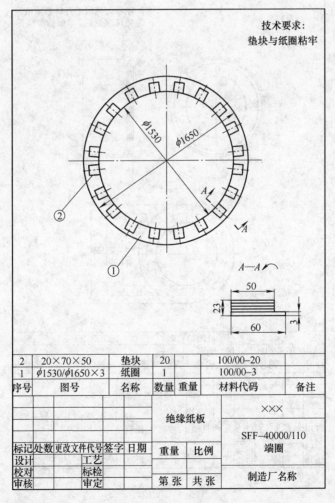

图 4-3　端圈

2. 零件图的识读

（1）看标题栏　此图为用于三相、风冷、双分裂绕组、40000kV·A、110kV 产品中的端圈。

（2）看明细栏　此端圈由 1 件 3mm 厚绝缘纸板制作成的纸圈和 20 件厚 20mm、宽 70mm、长 50mm 的层压纸板制作的垫块组成。

（3）分析图形　此端圈为纸圈上粘垫块的结构，20 件垫块均匀分布在纸圈圆周上，从 $A-A$ 视图中可以看出，垫块里边与纸圈内径对齐。

（4）分析尺寸　必须保证图样中标注的各尺寸数值。

（5）看技术要求　要求用绝缘胶将垫块粘牢在纸圈上。

四、软反角环

1. 零件图样（见图 4-4）

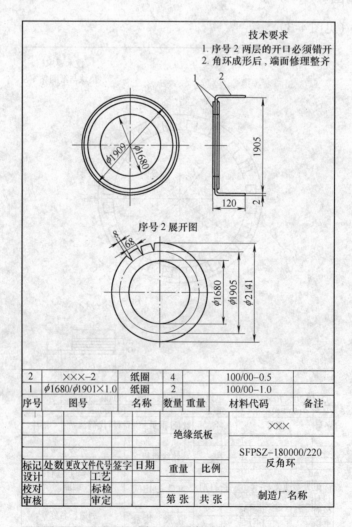

图 4-4　反角环

2. 零件图的识读

（1）看标题栏　此图为用于三相、风冷、强迫油循环、三绕组、有载调压，180000kV·A，220kV 变压器中的反角环。

（2）看明细栏　此反角环由 2 件序号为 1 的 1mm 厚纸圈和 4 件序号为 2 的 0.5mm 厚纸圈组装而成，材料均为 100/00 绝缘纸板。

（3）分析图形　此反角环图由主、侧视图和一个展开图构成，显示出反角环的基本结构和尺寸，表明反角环为 4 层分瓣的 0.5mm 厚纸圈夹在上下共两个 1mm 厚的纸圈结构。

（4）分析尺寸　纸圈的下料尺寸在明细栏中给出，分瓣角环的下料尺寸在展开图中给出，必须保证图样中标注的各尺寸。

（5）看技术要求　要求序号 2 两层的开口必须错开；角环成形后，端面修理整齐。

第二节　工艺文件准备

学习目标　能识读工艺文件，根据工艺文件进行工件的制作和装配。

一、识读工艺文件的要求

正确进行工艺文件的识读，主要应做到如下几点：

1）明确工艺文件的适用范围，从而确定出工艺文件的主题和内容概要。

2）了解其所引用文件的内容，找出与工艺文件相关的部分，明确其引用意图。

3）了解加工所需的设备、工具和材料等，并能进行预先准备。

4）了解工艺文件所需规定工件的结构特点和基本要求。

5）掌握工件的加工工艺流程、操作方法及注意事项。

6）掌握工件的质量要求。

二、识读工艺文件的方法

下面以《线圈用正小角环的制作》工艺守则为例，介绍常用守则的识读方法，该工艺守则见表 4-1。

1）阅读表头。从表头中可以知道，此守则名称为线圈用正小角环的制作，其编号为 XXX。

2）了解适用范围。此守则只适用于线圈用正小角环的制作和检查。

3）根据要求准备好设备、工装、工具等，并明确其用途。如本守则中扳手为调整小角环机用；塑料盆为调湿纸板用；塑料袋为闷制纸板用等。

4）根据要求进行纸板下料，料长为 1000mm，料宽为角环横边、立边尺寸之和减去 2mm。

5）按要求对纸板进行调湿，并注意调湿时间。

6）对设备进行调整，首先必须详细了解设备的各部分构造，了解其使用方法，然后根据需要调整各部分适应尺寸的需要。

7）按要求进行设备操作，按尺寸进行加工，最后检查尺寸和外观。

表 4-1 《线圈用正小角环的制作》工艺守则

工艺守则	线圈用正小角环的制作	编号：XXX	
		第 1 页	共 2 页

1. 范围

本守则规定了线圈用正小角环的制作方法。

本守则适用于线圈用正小角环的制作和检查。

2. 所用设备和工具

2.1　所用设备：1.2m 或 1.8m 剪床，角环加工机。

2.2　所用工具：扳手、塑料盆、塑料袋、3m 钢卷尺。

3. 下料

3.1　根据角环的尺寸，计算下料的宽度和数量，角环示意图如图 1 所示。

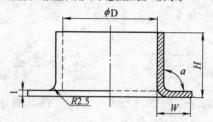

图 1　角环示意图

料宽 B：$B = H + W - 2$

料长：每条 1000mm 左右

每个角环所需 1000mm 长纸板料的数量 n：$n = 3.14 \times D / 1000 + 1$

n 取整数（舍去小数点后的部分）

3.2　使用 1.2m 或 1.8m 剪床进行纸板下料。

4. 调湿

4.1　取干净的塑料盆，取半盆左右的蒸馏水。

4.2　将剪切好的条料放入盆中，将纸板条浸入水中，来回移动纸板条，使纸板条的任何部位均与水充分接触。

4.3　准备好干净的塑料袋，将泡好的条料放入塑料袋中，将口扎紧。在塑料袋内放置 12h 以上方可以使用。

5. 设备调整

角环加工机的结构如图 2 所示。

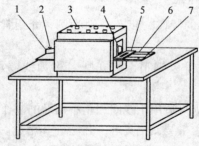

图 2　角环加工机的结构

1—导向板　2—导向调整螺栓　3—调整螺栓　4—压滚　5—压板　6、7—侧挡板

5.1　角环 H、W 边的调整。根据所加工角环的尺寸调整侧挡板的位置，使侧挡板 7 到压滚咬合线的距离为 H，侧挡板 6 到压滚咬合线的距离为 W。

编制		校核		审查	
会签		标准化		批准	

（续）

工艺守则	线圈用正小角环的制作	编号：XXX	
		第2页	共2页

5.2 角环弧度的调整。角环弧度是通过调整螺栓3实现的，即第三压滚压紧调整螺栓。当压出的角环直径较大时，向下拧紧两个第三压滚调整螺栓；当角环直径较小时，向上松两个第三压滚调整螺栓。在调整过程中，第一和第二压滚调整螺栓也要做相应的调整。

5.3 导向板的调整。导向板是用来引导角环运动方向的，同时也可以改善角环的弧度，在使用过程中调节导向板使其顺着角环的弧度方向。

6. 加工

6.1 接通角环机电源，按下起动按钮，角环机开始运转，入料压制角环。

6.2 在0.5mm厚纸板上画直径为 ϕD、弧长为1m左右的圆弧，将试加工出的角环条与其对比，当弧形相吻合时，继续加工角环条，否则调整角度挡板的角度，至弧形相吻合为止。

7. 尺寸偏差

ϕD：$0 \sim +160$mm；H：$-2 \sim 0$mm；W：$-1 \sim +1$mm；α：$-20° \sim +20°$

第三节　工具设备准备

学习目标　了解大型设备的基本知识；常见设备的调整方法；刀具基本知识，根据不同用途选用不同刀具；了解常用测量仪器仪表的用途和使用方法。

一、大型设备基本知识

1. 数控加工中心

数控加工中心主要用于制作压板、拖板、垫板、大型静电环骨架等常规机加工设备无法制作的工件。

加工中心一机多能，通过计算机程序控制可以实现多种加工功能，包括钻、铣、平面加工、直线加工、曲线加工等。

常见的数控加工中心有龙门移动和工作台移动两种结构。图4-5所示为龙门移动式数控加工中心。

图4-5　龙门移动式数控加工中心

加工中心一般使用真空吸附进行工件定位。常规定位方式有：利用密度板进行吸附、将工件直接固定在工作台和利用移动吸盘三种方式。

数控加工中心在使用中的基本保养要求如下：

1）认真清扫工作台面及设备各部位，保持设备清洁。

2）按说明书规定型号，定时给设备加注润滑油。

3）定时补充冷却液、液压油。

4）工件加工完毕后要认真清扫设备。

2. 热压机

热压机主要用于将单张纸板压制成层压纸板。

热压机通过液压缸对工件进行加压，通过水或蒸汽等其他媒介对压板进行加热和冷却。

热压机根据所能达到的压力的不同分为多种规格，如：2000t 热压机、3500t 热压机等。图4-6 所示为一台 3500t 热压机。

热压机在使用时的基本保养要求如下：

图4-6　3500t 热压机

1）检查压板各部位是否清洁，不得有胶瘤及各种异物。

2）装炉时，要严防其他物件落入加热板中间。

3）装炉时，不得随意踩踏工件和压板。

4）操作者严禁擅离工作岗位。

二、常见设备的使用和调整

1. 剪板机

如图1-11 所示，剪板机主要由机身、传动部分、控制部分和制动部分组成。其中传动部分和控制部分实现剪刀的上下往复运动达到剪切目的；制动部分用以控制主轴的运动，减小冲击力，使上剪刀的运动保持平稳。

（1）基本工作原理　当剪板机工作时，起动电动机，踩下脚踏板，则闸刀使离合机构中的方键滑动，使主轴与大齿轮相连接，从而大齿轮带动主轴旋转，主轴上的偏心轮通过连杆使上刀架做上下往复运动，带动剪刀工作。

（2）常规检查方法

1）检查机器的润滑部位，是否有足够的润滑油。

2）检查剪床各部位是否正常，螺栓连接是否有松动现象。

3）检查刀片之间的间隙，是否符合剪切料的厚度要求；刀刃是否锋利。

4）检查制动器制动效果，制动带是否老化。

5）踩动脚踏板，检查离合器动作是否灵活。

（3）机床调整

1）刀片间隙的调整。剪切出的纸板飞边较大时，有三个可能原因，即纸板含水率大、剪刀钝或剪刀间隙大。调整剪刀间隙时，如图4-7所示，首先松开固定螺栓7（共4个）使工作台处于自由状态，扭动调整螺钉6使工作台产生前后方向的移动。如果需要减少刀片间隙时，沿顺时针方向扭动调整螺钉，使其与d面接触，工作台连同下刀片一起向上刀片方向移动；反之，沿逆时针方向扭动调整螺钉，使其与b面接触，工作台连同下刀片一起背向上刀片移动，使剪刀间隙增大。在调整时，要踏下脚踏开关，盘动飞轮，使滑块向下移动，此时操作者应在剪刀全长上每隔500mm就塞入塞尺检查，待调整合适后，再拧紧固定螺栓7，但是在拧紧过程中，工作台和机身之间可能产生相对位移，因此在拧紧后，还要以塞尺检验刀片之间的最后间隙。

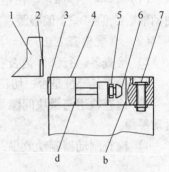

图4-7　剪刀间隙的调整

1—滑块　2—上刀片　3—下刀片
4—工作台面　5—调整螺母
6—调整螺钉　7—固定螺栓

2）压料梁的调整。在剪切过程中，压料梁与材料之间的间隙要根据剪切工艺要求进行调整，调整时，根据情况调整压料梁上的调整螺钉即可。

3）制动器的调整。当制动力矩不够时，可通过调节制动带上的调整螺栓来调解，如图4-8所示。

4）后挡板的调整。如图4-9所示，调整后挡板时，首先松开固定挡板的夹紧螺栓，移动挡板，使挡板距上刀片的距离为要求的尺寸，然后拧紧夹紧螺栓即可。若只旋转挡板无法达到要求尺寸，可调整固定螺栓在机床上的位置进行调节。

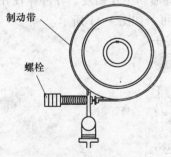

图4-8　制动器的调整

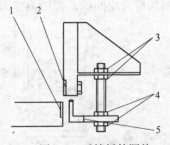

图4-9　后挡板的调整

1—下刀片　2—上刀片　3—固定螺栓

4—夹紧螺栓　5—挡板

（4）注意事项

1）调整剪床时，必须停车进行调整。

2）工作中，如发现异常响声要立即停车检查，排除故障。

3）剪切纸板时，严禁超厚剪切，以防顶坏剪床。

4）剪切纸板时，手不要伸到压料梁下面，以免发生事故。

5）刀片暂不用时须涂上甘油，以免发生锈蚀影响刀口的锋利。

2. 冲床

如图4-10所示，冲床主要由机身、离合装置、滑块、制动器、操纵机构组成。

（1）基本工作原理　由电动机通过带轮和齿轮驱动曲轴转动，曲轴的轴心线与其上的曲柄轴心线偏移一个偏心距，从而便可通过连杆带动滑块做上下往复运动。

（2）常规检查方法

1）检查各运行部位是否有充分的润滑。

2）检查各部位是否一切良好，是否有卡死或振摆现象，特别是操纵机构离合器是否灵活。

3）检查轨道与滑块间隙是否合适，要求其间隙尽可能的小，但不至于卡死，要求上下滑动平稳。

4）检查制动器制动效果，制动带是否老化。

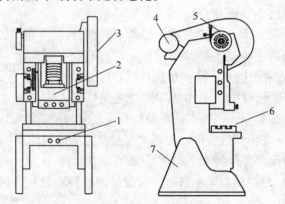

图4-10　JN23－16A型冲床

1—开关　2—滑块　3—大轮　4—电动机　5—制动器　6—工作台　7—机脚

（3）机床调整

1）轨道与滑块间隙的调整。为了保证模具的使用寿命和工作精度，在冲床使用一段时间后，必须调整滑块间隙，采用调整调节螺栓的方式即可，如图4-11所示。

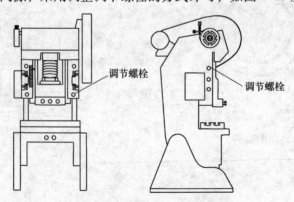

图4-11　轨道与滑块间隙的调整

2）制动器的调整。制动器的制动带长期使用后会引起制动力矩降低，因此必须调整制动弹簧，加大制动力矩；调节制动带，平衡曲轴两端的平衡力，减少响声。当制动力矩较大时，可以放松螺母；当制动力矩较小时，拧紧螺栓或更换制动带，如图4-12所示。

3）操纵器的调整。操纵器的调整可以靠拉动拉杆实现单冲和连冲，如图4-13所示。

4）工作台斜度的调整。调整角度螺栓位置即可，如图4-13所示。

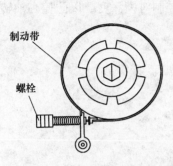

图4-12　制动器的调整

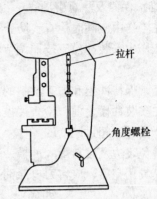

图4-13　操纵器和工作台斜度的调整

（4）注意事项

1）起动机床前，在飞轮转到正常速度后，方可接通离合装置进行冲压工作。

2）工件被冲模咬住后，应立即停车，取出咬住物。

3）为了防止废料落于冲模上，应随时将工作台上的废料清除掉。

4）冲制件的厚度不允许超过规定要求。

5）在工作中，应注意机床的声音及运动情况，发现异常，立即停车检查修理。

6）工件制完毕后，清理工作台面及机床四周，擦净机床。

（5）冲模

1）常用的油隙垫块冲模如图4-14所示。

2）冲模安装：

① 把冲模放到工作台上，模柄对准滑块孔。

② 扳动大轮，使大轮顺时针下降，模柄与滑块的孔套在一起。

③ 用扳手拧紧压紧螺栓和定位螺栓，使凸模固定，如图4-15所示。

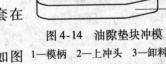

图4-14　油隙垫块冲模
1—模柄　2—上冲头　3—卸料板
4—导柱　5—下冲模　6—模座

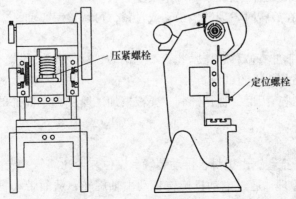

图4-15　冲模的安装

④ 用四个压块压住凹模，用螺栓将其固定在工作台上。

⑤ 调整滑块丝杠以调整吃刀量，吃刀不要太深，也不要太浅，一般以可切断纸板为宜，调整好后，固定丝杠，冲模安装完毕。

3）维护保养及注意事项：

① 在工作中应随时检查，防止模具松动，啃坏模具。

② 工作中安装冲模应按照调节丝杠的长短来严格控制对模深度，以防偏心轴转不过来，发生事故。

③ 经常保持冲模和加工材料的清洁以免损坏冲模。

④ 在安装冲模之前，检查冲模刀口有无裂纹和创伤。

⑤ 严禁冲制超过厚度的零件。

⑥ 避免飞边及废料落入冲模，造成重叠冲制。

⑦ 模具用完后，应将刀口涂油妥善保存。

3. 圆剪

如图 2-4 所示，圆剪由机身、传动部分、剪刀、压料和尾座部分组成。

（1）基本工作原理　主电动机通过传动带带动主轴旋转，主轴上的齿轮同时与上、下刀轴上的两个齿轮相啮合，使装在上下刀轴的圆剪刀转动，同时工件沿自动轴心旋转，从而剪切出圆形工件。

（2）常规检查方法

1）开动前，检查油孔是否有足够的润滑油。

2）起动电动机前要认真检查各部分是否完好、灵活，检查各传动部位和保护装置是否处于安全状态，中心螺柱是否压紧。

3）接通电源后要检查各部分的运转是否正常。

（3）机床调整

1）上、下剪刀间隙的调整。上、下剪刀的间隙一般为 0.05～0.1mm，应视加工材料和要求而定。调整间隙时，松开固定剪刀的螺母，当上、下刀间隙过大时，要在刀片后面添加垫片，否则，就去掉上或下剪刀背面的垫片，然后装上刀片，紧固好螺母。

2）尾座滑道的调整。根据滑道的松紧情况，调整机床侧面压紧螺钉，进行间隙调整，直到适宜为止。

3）尾座中心压紧装置通过旋紧螺母来调整。

4）上剪刀手轮在旋转时发现链条松动或过紧，可调整偏心轴。

（4）注意事项

1）工作中尾座不准有位移，压紧装置不能松动，以免影响质量。

2）不准剪切超过 3mm 的纸板。

3）刀具要经常进行刃磨，保持锋利，要根据加工厚度和零部件的要求调整上刀和下刀之间的间隙。

4. 推台锯

如图 2-7 所示，推台锯由机身、传动装置、定位装置几部分组成。

（1）基本工作原理　通过电动机旋转带动主轴旋转，从而带动锯片旋转，同时移动工作台使工件与锯片发生位移，实现锯切。

（2）常规检查方法

1）检查是否有足够的润滑油。

2）开机前仔细检查机床各部位有无异常。

（3）机床调整

1）主锯片高度的调整。

① 将转阀手柄放在0°和45°的中间位置。

② 旋松锥阀（接通油路）。

③ 踏动油泵踏杆，主锯片上升，踏油泵左上方小踏板，主锯片下降。

④ 调整完毕，旋紧锥阀（截断油路）。

2）主锯片倾斜度的调整。

① 按要求的倾斜角度扳动转阀手柄到0°（45°）位置。

② 松开刻度盘下的扳把。

③ 脚踏油泵，使之得到要求的角度，即是刻度盘指示数。

④ 锁紧扳把。

⑤ 把转阀手柄扳到0°和45°的中间位置。

3）主锯变速的调整。圆盘锯的变速是通过三级宝塔式带轮变速的，可以达到三级（3500r/min、4500r/min、6000r/min）。变速时，松开电动机底部的锁紧扳杆，抬起电动机，将两根传动带移入相应的槽内将传动带适当松紧后，锁紧电动机底板。

（4）注意事项

1）不得用油脂类擦涂导轨及差动滚轮，若导轨和差动滚轮上粘有树脂及其他污物，可用棉纱蘸丙酮擦洗。

2）锯片的刃口粘有树脂及其他污物时，对锯切的直线度和表面粗糙度影响很大，此时也可用丙酮进行擦洗。

3）操作者必须安全操作，手不能靠近锯片处。

4）操作者一般不得正对着锯片操作，防止被抛出的杂物打伤。

5）不得加工超过机床允许厚度的工件。

5. 带锯

如图2-6所示，带锯由机身、上下锯轮、升降机构、制动装置和工作台等组成。

（1）基本工作原理　电动机带动锯轮旋转，同时通过传动带的摩擦力带动锯条在上下锯轮间运动从而进行工件的锯切。

（2）常规检查方法

1）工作前，检查设备各部位是否完好，是否有足够的润滑油。

2）检查锯条是否完好，是否有裂纹。

3）检查上锯轮，引导装置和防护罩是否合适。

（3）机床调整方法

1）活动工作台的调整。松开活动工作台面下的锁紧扳手，将工作台根据需要进行倾斜，当调整到扇形板上所指定的刻度（0°~45°）时，拧紧锁紧扳手，活动工作台倾斜调整完毕。

2）上锯轮的调整，如图4-16所示。

① 转动手轮6，使螺母5带动拖板4随丝杠的转动而上、下移动，从而使整个锯轮部分上下移动，用手转动手轮，调整锯条的张紧程度。

② 转动手轮1，调整锯条前后位置，使锯条的全部齿露在锯轮边缘端面上。

3）锯条引导装置的调整，如图4-17所示。

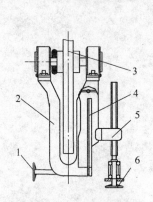

图4-16　上锯轮的调整
1、6—手轮　2—支架　3—锯轮
4—拖板　5—螺母

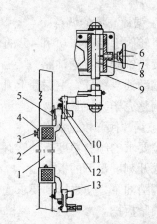

图4-17　锯条引导装置的调整
1—锯条　2—卡架方木　3、11—螺钉　4—上锯卡架
5—靠盘　6—手轮　7—压块　8—立轴　9—支撑架
10、13—连接板　12—卡架

① 首先松开固定螺母，调整连接板10和上锯卡架4的位置，保证锯条能从其中间通过，再旋紧固定螺母。

② 在工作前调整两块卡锯方木，使其与锯条轻微接触，然后用螺钉3压紧。

③ 调整靠盘5，使之靠近锯条背面，并达到在空负荷运转时锯条不带动靠盘转动，最后旋紧螺钉11。

④ 旋松手轮6，可使立轴8在支撑架9的轴孔中上、下移动，一般上引导装置在工件上方30～50mm处调整好后，旋紧手轮6。

（4）注意事项

1）工作台面上不得放置工具和工件。

2）在加工工件时，送件速度要均匀，并根据加工件原材料的性质和尺寸选择合适的进给速度。

3）锯条应经常修磨，不许使用有裂缝的锯条，其焊接处应平整无突起。

4）锯条修磨后齿形、齿距和齿高应一致，锯条齿背必须平直，锯齿不许有飞边，齿间不许扭曲及出现蓝色。

5）不得锯切过厚的工件。

6）加工时手不可离锯条过近。

6. 滚剪

如图4-18所示，滚剪一般由工作台和上下剪刀组组成。

（1）工作原理　主电动机通过传动带带动主轴旋转，主轴上的齿轮同时与上、下刀轴上的两个齿轮相啮合，使装在上下刀轴的剪刀组转动，同时工件向前运动，通过上下剪刀的啮合剪切工件。

（2）常规检查方法

1）工作前，检查机床各部件是否完好，是否有足够的润滑油。

2）检查剪刀是否锋利，刀刃不得有崩口等现象。

3）检查刀片间隙是否合适，否则进行调整。

（3）机床调整方法　松开固定螺栓，卸下压板，如图4-19所示。用锤子松开剪刀组两侧的锁母，取下剪刀组，加减垫片调节间隙，使剪刀间隙符合要求。

（4）注意事项　不得剪切超厚的纸板，以免损坏设备。

7. 条料倒角机

如图4-20所示，条料倒角机由机身、压紧装置、铣刀等组成。

（1）基本工作原理　电动机带动主轴旋转，从而带动两片成形铣刀旋转，同时纸板条料从两片铣刀间穿过，两侧棱被铣至要求形状。

（2）常规检查办法

1）检查机床各部位是否完好，是否有足够的润滑油。

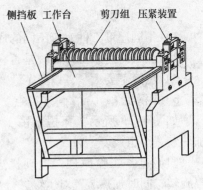

图 4-18　滚剪示意图

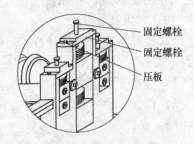

图 4-19　剪刀间隙的调整

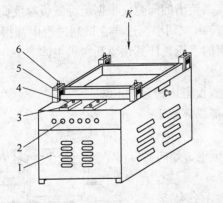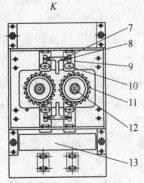

图 4-20　常见条料倒角机的结构

1—机身　2—控制按钮　3—调整螺栓　4—侧挡板　5—压滚压板　6—压滚压紧螺栓　7—压板
8—压板压紧螺栓　9—导向板　10—导向调整螺栓　11—刀具　12—刀具压紧螺栓　13—压滚

2）检查铣刀是否完好，刀刃是否锋利，刃口形状和尺寸是否满足要求。

3）检查铣刀距离是否满足加工工件宽度要求，否则进行调整。

（3）机床调整方法

1）铣刀间距离的调整。松开刀具压紧螺栓12，使两片铣刀同时向里侧或外侧移动，使两刃口距离为工件宽度，然后拧紧压紧螺栓。

2）压滚间隙的调整。松开机床两侧压滚压紧螺栓6，根据工件厚度调节压滚间隙，以能压住工件且工件能顺利通过为宜。

（4）注意事项

1）不同厚度工件对应不同的成形铣刀，注意及时更换。

2）加工时注意工件侧棱是否有波浪和炭化现象，否则及时对铣刀进行研磨或更换。

3）压滚不要太紧，以免工件弯曲变形。

8. 瓦楞机

如图 4-21 所示，瓦楞机由工作台、上下压辊、加热装置等组成。

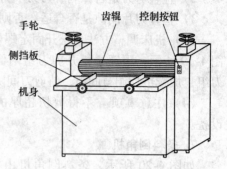

图 4-21 BJYC－1000 型瓦楞机的结构

（1）基本工作原理　电动机运动，带动上下压辊旋转，同时加热装置对压辊进行加热，工件匀速通过上下压辊之间时，被压成压辊齿楞形状。

（2）常规检查办法

1）检查各润滑部位是否有足够的润滑油，否则进行润滑。

2）检查工作台面和压辊是否清洁，否则进行清理。

3）检查传动和加热装置是否正常。

（3）机床调整方法

1）调整侧挡板。松开侧挡板紧固螺栓，调整两个侧挡板间的间距为工件宽度，同时使侧挡板垂直于压辊。

2）调整上下压辊间隙。两齿辊间隙用手轮调整，如图 4-21 所示。首先松开下面的手轮，再转动上面的手轮来调整齿辊间距。调整出的间隙应根据绝缘纸板厚度而定，一般为绝缘纸板厚度加 0.3～0.5mm。调整间隙时应由大到小，这样在试制过程中瓦楞从平到高有利于节省材料。间隙调整合适后，转动下面的手轮，使其顶紧瓦楞机主体。

（4）注意事项

1）首先起动设备做空载试运行，检查设备运转是否正常。

2）上下压辊间必须有间隙，否则可能顶坏压辊。

9. 角环加工机

如图 4-22 所示，角环机由工作台、压辊、导向装置等组成。

（1）基本工作原理　电动机带动上下压辊旋转，同时将纸板加入到上下压辊之间（其中上压辊为凸模，下压辊为凹模），通过压辊将纸板碾成需要的折边形状，同时通过角度螺栓的调整使纸板形成需要的弧度。

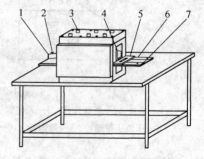

图 4-22 角环加工机的结构
1—导向板　2—导向调整螺栓　3—调整螺栓
4—压辊　5—压板　6、7—侧挡板

（2）常规检查方法

1）检查各润滑部位是否有足够的润滑油，否则进行润滑。

2）检查工作台面和压辊是否清洁，否则进行清理。

（3）机床调整方法

1）角环立边、横边的调整。根据所加工角环的尺寸调整侧挡板的位置，使侧挡板 7 到压辊咬合线的距离为角环立边尺寸，侧挡板6到压辊咬合线的距离为角环横边尺寸。

2）角环弧度的调整。角环弧度是通过调整螺栓3来实现的，3为第三压辊的压紧调整螺栓。当压出的角环直径较大时，向下拧紧两个第三压辊调整螺栓；当角环直径较小时，向下松两个第三压辊调整螺栓。在调整过程中，第一和第二压辊调整螺栓也要做相应的调整。

3）导向板的调整。导向板是用来引导角环运动方向的，同时也可以改善角环的弧度，在使用过程中调节导向板顺着角环的弧度方向。

10. 鸽尾撑条铣床

如图4-23所示，鸽尾撑条铣床主要由工作台、压辊、电动机等组成。

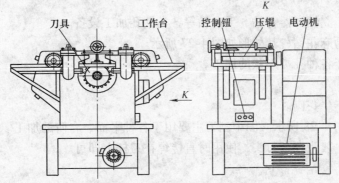

图4-23　鸽尾撑条铣床的结构

（1）基本工作原理　电动机带动主轴和铣刀旋转，铣刀为成形铣刀，刀刃形状即为鸽尾撑条的侧面形状。

（2）常规检查方法

1）检查机床各部位是否有足够的润滑油。

2）检查铣刀刀刃是否锋利，其间距是否符合图样要求。

3）检查各运动部位是否有异物，以免妨碍机床正常运转。

4）检查各部位螺栓是否松动，特别是铣刀要紧固可靠。

（3）机床调整方法　为保证纸板条形料前进过程中不发生走偏现象，要求入料方的上下两个辊根据实际情况将两辊调成左边压紧力大于右边压紧力，其中左边间隙为7～8mm，右边间隙为11～12mm。出料方的两个压辊按实际情况应比前压辊的倾斜度小一些。

三、常用刀具

常用刀具的种类很多，根据制作要求的不同可以将其分为标准刀具、自制刀具和成形刀具等，根据所用设备的不同也可分为车床用车刀、刨床用刨刀等不同种类，下面根据所用设备的不同分别进行介绍。

1. 铣刀

铣刀主要用于立铣、卧铣等设备，常用的绝缘件加工用铣刀包括螺旋铣刀、成形铣刀等多种。

（1）螺旋铣刀　螺旋铣刀分为直柄和锥柄两种，图4-24所示为常用的锥柄螺旋铣刀。

螺旋铣刀的用途非常广泛，常用于进行工件表面、长圆孔、台阶等的加工，如铁心台阶垫块、器身垫块等。

螺旋铣刀一般为合金刀具，有螺旋型槽便于排除切屑。

（2）成形铣刀　根据所加工工件形状的不同，成形铣刀的形状各不相同，一般刀刃的运动曲线即为所加工的形状。图4-25所示为燕尾槽成形铣刀；图4-26所示为鸽尾槽成形铣刀。

图4-24　锥柄螺旋铣刀

图4-25　燕尾槽成形铣刀

图4-26　鸽尾槽成形铣刀

2. 钻头

钻头主要用于立钻、摇臂钻、手电钻等各类钻孔加工设备。

常用钻头均为麻花钻，其外形如图4-27所示。

钻头主要用于各种孔类形状的加工。

3. 刨刀

刨刀主要用于牛头刨。

常见刨刀如图4-28所示。图中刨刀主要用于各种平面、台阶的加工。

刨刀的刀头一般为合金刀头，使用时直接焊在刀杆上即可。

4. 立车车刀

绝缘件加工常用车床为立车，在此主要介绍立车用各种车刀。车刀的刀头一般根据加工部位的不同各不相同。

（1）内径车刀　常用内径车刀如图4-29所示。主要用于各种圆环类工件的内径加工，如压板、拖板、端圈、静电环骨架等。

图4-27　麻花钻的外形

图4-28　刨刀

图4-29　内径车刀

（2）外径车刀　常用外径车刀如图4-30所示。主要用于各种圆环类工件的外径加工。外径车刀与内径车刀的刀尖位置相反。

（3）挖刀　挖刀主要用于在整张板料上挖出圆环，如用层压木板料加工垫压板，小幅向层压端圈的挖圆加工等。

常用挖刀的形状如图4-31所示。

（4）平面车刀　常用平面车刀如图4-32所示。

平面车刀主要用于工件的厚度加工。

图4-30　外径车刀

图4-31　挖刀

图4-32　平面车刀

（5）槽车刀　常用槽车刀如图 4-33 所示。

槽车刀主要用于垫板、压板、拖板等 10mm 宽导油槽的加工。

（6）圆角车刀　常用圆角车刀如图 4-34 所示。

圆角车刀主要用于静电环骨架圆弧面的车制。

圆角车刀可在刀杆上直接磨出圆弧，也可以在刀杆上焊上成形圆弧刀具。图 4-34 即为在刀杆上直接焊接的成形圆弧刀。

5. 镗刀

镗刀主要用于镗床。

常用镗刀如图 4-35 所示，主要用于大孔、槽等的加工，如压板、拖板上出线槽、大的导油孔以及导线夹圆弧等的加工。

四、常用测量仪器仪表的使用

1. 万用表

万用表如图 4-36 所示。

万用表主要用于测量静电环、屏蔽板的导体部分是否有短路和断路现象。

万用表的使用方法如下：

1）使用前，应注意指针是否指在零位，如不到零位，可用螺钉旋具旋动表头上的零位调整器使指针调到零位。

图 4-33　槽车刀　　　图 4-34　圆角车刀　　　图 4-35　镗刀　　　图 4-36　万用表

2）把电池装入万用表电池夹内，把测试表笔分别插到插座上，红表笔插在"＋"插座内，黑表笔插在"－"插座内。

3）将开关转到电阻挡范围内，把红、黑表笔短路，调整"Ω"调整器，使指针指到欧姆挡位置上。

4）将红、黑两表笔接触被测零件部分，观察指针是否动作，指针偏转说明零件接通，否则为断开。

万用表使用时的注意事项如下：

1）不要放在振动较大的工作台上，严防剧烈振动，并保持仪表的清洁和干燥。

2）测量电阻时，用短路表笔调节"Ω"调整器，不能使指针指到"零"欧姆处，否则表明应更换电池。更换电池时，要注意电池极性不能装反，并保证电池夹内与电池有良好的接触。

2. 温度计

常用数字式温度计如图 4-37 所示。

温度计主要用于测量油压机压板温度。

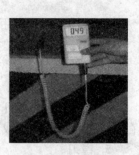

数字式温度计使用方法如下：打开温度计开关，用探针接触被测物品，屏幕上显示的数值即为物体的温度。

图4-37 数字式温度计

使用数字式温度计的注意事项如下：

1）在使用前必须将探针上的灰尘擦干净并使探头上的热传感片略高于四角，以确保传感片与被测表面的接触。

2）测量工件时，必须将探针放平，不得歪斜。

3）探针上与数字显示表接触的插头"＋"、"－"极不能插反。

4）使用过程中，温度探针不得磕碰，以防损坏传感片。

5）用完后，仔细整理好，妥善保存。

3. 比重计

常用比重计如图4-38所示。

比重计主要用于测量酚醛树脂胶的密度。

比重计的使用方法如下：

（1）测量 将比重计垂直放入要测量的溶液当中，待比重计不再上下浮动后观察其读数值。

（2）读数 比重计读数的特点为从上到下逐步升高，液面越靠上，密度越低，液面越靠下，密度越高，以图4-39为例，比重计显示的读数为 $0.913g/cm^3$。

图4-38 比重计

图4-39 读数示意图

使用比重计的注意事项如下：

1）使用前，必须将比重计擦拭干净，并检查比重计是否完好。

2）测量时，要确定所测量的液面足够高，测量时，要轻轻放入溶液中，防止损坏。

3）使用时，必须轻拿轻放，防止损坏。

4）测量完后，将比重计清洗干净，放回盒内。

4. 4#粘度计

常用粘度计如图4-40所示。

粘度计主要用于测量酚醛树脂胶、聚乙烯醇粘接剂等的粘度。

粘度计使用方法如下：

1）将托架放平，打开滴杯盖，堵住滴孔，将要测量液体倒入滴杯内（灌满）。

2）打开滴孔，使胶液自动流出，记录胶液全部流完的时间，即为胶的粘度。

使用粘度计的注意事项如下：

1）使用前必须将滴杯等清洗干净，注意不要损坏滴孔。

2）4#粘度计一定要放平使用，不能倾斜。

3）一般使用时要记录使用温度条件。

4）测量完后一定要仔细擦净，并妥善保管。

5. 测湿仪

常用 ST – 85 型数字式测湿仪如图 4-41 所示。

测湿仪主要用于测量木材的含水率。

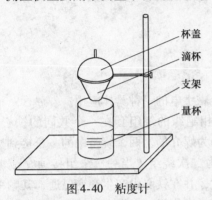

图 4-40　粘度计

图 4-41　ST – 85 型数字式测湿仪

测湿仪的使用方法如下：

1）打开测湿仪电源开关，按下 BATT 键，读数不得低于 550，否则更换电池。

2）按下 E 键，调整旋钮 E，使读数为 28.0 ±0.3。

3）按照表 4-2 中的要求调整木材的温度修正挡数值。

表 4-2　木材的温度修正挡数值

木材种类	水曲柳	色木	桦木
修正挡数值	3	3	4

4）取出试验木材，将测湿仪的两个探针插入试验木材中，插入深度要大于探针长度的 2/3。

5）读取测湿仪所显示数值，即为所测木材的含水率。

使用测湿仪的注意事项如下：

1）使用前，必须将探针擦拭干净。

2）插入探针时，避免插得过浅。

3）使用完毕后及时放入盒中存放。

第五章 加工与装配

第一节 基础知识

学习目标 掌握变压器的基本工作原理、结构、型号规格等基本知识；掌握绝缘材料基本性能；掌握油浸式变压器常用绝缘材料基本知识。

一、变压器相关知识

1. 变压器的基本工作原理

变压器是利用电磁感应原理工作的，即电生磁、磁生电的一种具体应用。

变压器的基本结构是：两个（或两个以上）互相绝缘的绕组套在一个共同的铁心上，它们之间通过磁路的耦合互相联系。变压器是以磁场为媒介的。两个绕组中的一个接到交流电源上，称为一次绕组，而另一个接到负载上，称为二次绕组。当一次绕组接通交流电源时，在外加电压作用下，一次绕组中有交流电流流过，并在铁心中产生交变磁通，其频率和外加电压的频率一样。这个交变磁通同时交链一次和二次绕组，根据电磁感应定律，便在二次绕组中产生感应电动势。二次绕组有了电动势，便向负载供电，实现了能量传递。

2. 变压器的基本结构

变压器的基本结构包含五大部分，即铁心、绕组、油箱、器身绝缘及引线绝缘、附件。下面对电力变压器的结构概况进行简单介绍。

（1）铁心 铁心在变压器中构成一个闭合的磁路，又是安装绕组的骨架，对变压器电磁性能和机械强度是极为重要的。常用的铁心材料为硅钢片。

（2）绕组 变压器绕组构成设备的内部电路，它与外界的电网直接相连，是变压器中最重要的部件，常把绕组比做变压器的"心脏"。变压器绕组由导线绕制而成，常用的导线有铜导线和铝导线。

根据绕组结构和绕制特点，绕组大体上可分为圆筒式（或层式）绕组和饼式绕组两大类，其中饼式绕组又分为连续式绕组、纠结式绕组、螺旋式绕组、插入电容式（或内屏蔽式）绕组等。

（3）油箱 油浸式变压器的油箱既是变压器器身的外壳和浸油的容器，又是变压器总装的骨架，因此，油箱起到机械支撑、冷却散热和绝缘保护作用。

（4）器身绝缘及引线绝缘 主要包括将铁心和绕组装配在一起的各种绝缘件以及引线绝缘件等。

（5）附件 变压器附件主要包括冷却装置、保护装置、调压装置、出线装置和测量装置五大部分。

3. 电力变压器的产品型号

在变压器零部件图样中，有一组数字表示的是变压器的型号，它们由英文字母和阿拉伯数字组成,每个字母和数字均代表一定的含义,如 SFPSZ9 – 180000/220 和 SFP – 370000/220 等。

(1) 型号组成 产品型号的组成如图 5-1 所示。

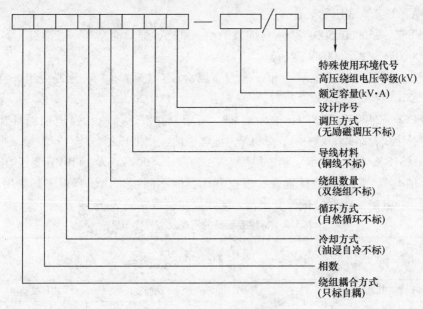

图 5-1 产品型号的组成

(2) 环境代号 特殊使用环境代号见表 5-1。

表 5-1 特殊使用环境代号

特殊使用环境	代表的字母	特殊使用环境	代表的字母
船舶用	CY	干热带地区用	TA
高原地区用	GY	湿热带地区用	TH
污秽地区保护用	WB		

(3) 字母含义 电力变压器的产品型号字母及其含义,见表 5-2。

表 5-2 电力变压器的产品型号字母及其含义

序号	分类	含义	代表的字母	序号	分类	含义	代表的字母
1	绕组耦合方式	独立 自耦	— O	5	油循环方式	自然循环 强迫油循环 强油导向	— P D
2	相数	单相 三相	D S	6	绕组数	双绕组 三绕组 双分裂绕组	— S F
3	绕组外绝缘介质	变压器油 空气(干式) 气体 成形固体	— G Q C	7	调压方式	无励磁调压 有载调压	— Z
4	冷却装置种类	自然循环冷却装置 风冷却装置 水冷却装置	— F S	8	绕组导线材质	铜 铝	— L

（4）型号举例

1）SFPSZ－180000/220：表示三相、风冷、强迫油循环、三绕组、铜导线、有载调压，180000kV·A，220kV 变压器。

2）ODFPSZ－250000/500：表示自耦、单相、风冷、强迫油循环、三绕组、铜导线、有载调压，250000kV·A，500kV 变压器。

3）SFFZ－31500/220：表示三相、油浸、风冷、自然循环、双分裂绕组、有载调压、铜导线，31500kV·A，220kV 变压器。

4）OSFPSZ－240000/400TH：表示自耦、三相、油浸、风冷、强迫油循环、三线圈、有载调压、铜导线，240000kV·A，400kV，湿热带地区用变压器。

5）SFS－31500/110：表示三相、风冷、三线圈、31500kV·A，110kV 变压器。

（5）其他类型　除电力变压器外，根据变压器的不同用途，还有很多其他用途的变压器，如电抗器、电炉变压器、试验变压器、矿用变压器等，见表5-3。

表 5-3　特种变压器的用途及型号字母

序号	名称	用途	代表字母	序号	名称	用途	代表字母
1	变（整）流变压器	交直流电能变换	Z	6	试验变压器	高压试验用	Y
2	附平衡电抗器		K	7	矿用变压器	矿井下配电用	K
3	电炉变压器		H	8	船用变压器	船舶配电用	S
4	附串联电抗器	电能与热能交换	K	9	中频变压器	交流系统用（1000～8000Hz）	R
5	电阻炉变压器		ZU	10	大电流变压器	大电流试验用	D

二、绝缘材料相关知识

1. 绝缘材料的性能

变压器的使用寿命，实际是指变压器所用绝缘材料的使用期限。绝缘材料的基本性能包括电气性能、耐热性能、力学性能和理化性能。

（1）电气性能　反映绝缘材料电气性能的指标主要包括绝缘电阻、电气强度、介质损耗和介电常数。其基本定义如下：

1）绝缘电阻：是指对绝缘材料用直流电压量度电阻时，施加的电压时间甚久，至线路上的充电电流及吸收电流完全消失，在单独的泄漏电流之下所测得的电阻值。

2）电气强度：当电场强度超过该介质所能承受的允许值（临界值）时，该介质就失去了绝缘性能，这种现象称为电介质的电击穿。发生介质击穿时的电压称为击穿电压，而相应的电场强度称为介质的电气强度。

3）介质损耗：在交变电场中，绝缘材料吸收电能以热的形式耗散的功率称为介质损耗。

4）介电常数：介电常数是表征在交变电场下电介质极化程度的一个物理量。

（2）耐热性能　反映绝缘材料耐热性能的指标有耐热性、热稳定性、最高允许工作温度和耐热等级等。其基本定义如下：

1）耐热性：表示绝缘材料在高温作用下，不改变介电性能、力学性能、理化性能等特性的能力。

2）热稳定性：是指在温度反复变化的情况下，绝缘材料不改变其介电性能、力学性能、理化性能等特性，并能保持正常状态的能力。

3）最高允许工作温度：是指绝缘材料能长期（15～20 年）保持所必需的介电性能、力学性能、理化性能而不起显著劣变的温度。

4）耐热等级：表示绝缘材料的最高允许工作温度。绝缘材料按耐热等级分为七个等级，见表5-4。

表5-4　绝缘材料的耐热等级

耐热等级	Y	A	E	B	F	H	C
最高允许工作温度/℃	90	105	120	130	155	180	180 以上

其中绝缘纸板为 Y 级绝缘，浸油后的绝缘纸板为 A 级绝缘。

（3）力学性能　反映绝缘材料力学性能的指标有强度和硬度。其基本定义如下：

1）硬度：表示材料表面受压后不变形的能力。

2）强度：表示材料受力（拉力、压向力、弯曲力、冲击力、振动力）后不变形的能力。

（4）理化性能　反映绝缘材料理化性能的指标有如下：

1）闪点：指石油产品用闭口杯在规定条件下加热到它的蒸汽与空气的混合气接触火焰发生闪火时的最低温度（也称为闭口杯法闪点）。

2）粘度：表示液体克服临近层间相对运动所产生的内部阻力的一种特性。

3）固体含量：表示树脂溶液、绝缘漆、涂料中的溶剂或稀释剂挥发后遗留下来物质的重量。

4）灰分：表示绝缘材料内所含不燃物的数量。

5）吸湿性：表示绝缘材料在温度为 20℃ 和相对湿度为 97%～100% 的空气中的吸湿能力。

6）吸水性：表示绝缘材料在 20℃ 的水中浸没 24h 后，材料重量增加的百分数。

7）透湿性：表示水汽透过绝缘材料的能力。

8）溶解度：表示在一定温度和压力下，物质在一定量的溶剂中所溶解的最大量。

9）酸值：在试样中所含游离态酸的定量值。其大小用 KOH 去滴定试样直至达到中性，所用 KOH 的数量值就可以用来表示酸的数量。

10）耐油性：表示绝缘材料耐受变压器油或其他矿物油侵蚀的能力。

11）化学稳定性：表示绝缘材料抵抗和它接触的物质的侵蚀能力。

2. 变压器常用绝缘材料的基础知识

（1）绝缘纸板

1）绝缘纸板的成分：100% 纯硫酸盐木浆。

2）常用绝缘纸板的规格：根据厚度的不同，绝缘纸板有 0.5mm、1mm、1.5mm、2mm、2.5mm、3mm、4mm、5mm、6mm、8mm 等不同规格；根据幅面不同，绝缘纸板有 1000mm×2000mm、2030mm×4200mm、2100mm×3200mm、3200mm×4200mm 等。

3）绝缘纸板的分类和不同用途：

根据绝缘纸板密度的不同，可以将纸板分为以下几种：

① 低密度板：密度为 0.75~0.9g/cm³，强度较低，力学性能较差，但成形性好，主要用于制作成形件。

② 中密度板（标准板）：密度为 0.95~1.15g/cm³，硬度较好，电气强度较高，主要用于绝缘纸筒、撑条、垫块等一般绝缘件及层压制品。

③ 高密度板：密度为 1.15~1.3g/cm³，电气性能和力学性能均很高，主要用于压板、垫板、油隙垫块等不弯折的零件。

4）常用绝缘纸板的牌号：

① 国产绝缘纸板：DY100/00。

② 瑞士魏德曼绝缘纸板：T4（特硬纸板）、T1（硬纸板）和T3（软纸板）。

③ 有部分公司采用如下牌号：HPB（硬质绝缘纸板）、RPB（标准绝缘纸板）和MPB（可成形绝缘纸板）。

（2）电工层压木

1）制作方式：薄木片经干燥处理后，刷胶压制而成。

2）规格形式：常用的国产电工层压木有板料和条料两种形式，常用板料的幅面一般为 1500mm×1500mm 和 1500mm×3000mm，厚度主要有 10mm、20mm、25mm、30mm、35mm、50mm、60mm、70mm、80mm、100mm 等；常用条料的规格一般为 50（60、70）mm×50mm×3000mm。

常用的进口层压木一般为板料形式，幅面为 2000mm×2400mm，厚度为 51mm、56mm、80mm、110mm、140mm 等。

（3）其他绝缘材料　除绝缘纸板外，在变压器中还经常使用酚醛层压玻璃布板、电缆纸、皱纹纸等其他绝缘材料，其牌号见表5-5。

表5-5　常见绝缘材料的牌号

名称		牌号或型号	名称	牌号或型号
电话纸		DH-50	酚醛层压玻璃布板	3230
电缆纸	普通电缆纸	DLZ	环氧玻璃布层压板	3240
	高压电缆纸	GDL		
	匝间绝缘纸	BZZ		
皱纹纸	普通皱纹纸	JW50/50		
	丹尼森皱纹纸	22HCC、35HC、55HC		

第二节　绝缘件下料

学习目标　掌握常见绝缘件下料尺寸的计算方法；掌握简单层压纸板件的制作方法。

一、简单绝缘件下料方法

对绝缘件下料来说，在考虑符合图样尺寸的基础上，还必须考虑下道工序加工时可能发生的各种情况，主要有如下几点：

1）对于薄纸板类的下料，尤其是需弯折工件的下料，如瓦楞纸板、纸板筒、斜端圈等，在下料时必须注意纸板的纤维方向，这是因为绝缘纸板纵向和横向的拉伸强度有很大差别，对相同厚度的纸板来说，其纵向拉伸强度要大于其横向拉伸强度，为了减少纸板在折弯、滚圆等加工时的断裂可能，在下料时必须使折弯、滚圆方向与纸板的纵向纤维方向一致。

对于如何辨别纸板的纤维方向，必须明确如下概念：纸板纵向即为制作纸板时铜网转动的方向，那么垂直的方向即为纸板的横向，具体到一张纸板来说，可以用以下的方法进行判断：

① 对于未经过剪切加工的原包料纸板，可以根据纸板生产时的最大尺寸进行判断，以泰州魏德曼高压绝缘有限公司生产的魏德曼牌 T4 纸板（以下简称泰州魏德曼纸板）为例，其纸板生产线上生产出来的纸板幅面为 6300mm × 3200mm，其中 6300mm 方向为其纵向，而其余尺寸的纸板均为此纸板经过剪切而成，那么对 4200mm × 3200mm 和 2100mm × 3200mm 纸板来说，则 4200mm 和 2100mm 方向为纸板的纵向。

② 对于普通的纸板来说，一般可以通过纸板上网纹的深浅进行判断，其中网纹较深的方向为纸板纵向，网纹较浅的方向为横向。

2）绝缘纸板是一种纤维性结构，当其存放条件发生变化时，纸板本身将产生一定的收缩或膨胀，所以从发货状态至干燥状态，纸板有一定的收缩率。一般纸板，其纵向的收缩率为 4‰ ~ 5‰，横向收缩率为 7‰ ~ 8‰，因此，在加工尺寸要求比较严格的绝缘件或需烘干的绝缘件时，必须在考虑纸板公差的基础上，根据其纤维方向，加上一定的尺寸收缩量。

3）对于要经过再加工的尺寸，如斜端圈的高度、层压垫块的外形等，在下料时必须留出加工余量。

4）对于需要经过折弯、成形等加工的绝缘件，如瓦楞纸板、折弯件、斜端圈等，为了保证成形后尺寸的精确，在下料时必须精确计算下料尺寸，一般选取工件的中间线尺寸为下料尺寸。

下面以折弯件、瓦楞纸板、斜端圈、油隙垫块的下料为例分别进行介绍：

1. 折弯类绝缘件的下料

折弯件的基本形状如图 5-2 所示。

（1）下料尺寸的计算

1）下料长度 L'：$L' = L$。

2）下料宽度 B：下料宽度 B 为纸板横边和立边中心线的长度，如图 5-3 所示。

图中：$B = B1 + B2 + B3$

$\qquad B1 = H - (R + t)$

$\qquad B3 = W - (R + t)$

$\qquad B2 = \pi(R + t/2)/2$

（2）举例计算　假设 $L = 1000mm$，$H = 50mm$，$W = 60mm$，$R = 30mm$，$t = 2mm$，则下料长度 $L' = L = 1000mm$

下料宽度 $B = （50 - 30 - 2 + 60 - 30 - 2 + 3.14 \times 31/2）$ mm $= 94.7mm$

（3）下料　利用剪床剪切出厚度为 t、宽度为 B、长度为 L 的纸板，注意 B 尺寸为纸板的纵向尺寸。

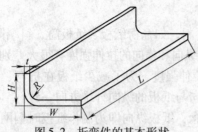

图 5-2　折弯件的基本形状

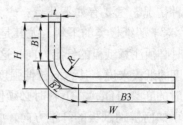

图 5-3　折弯件中心线示意图

2. 瓦楞纸板的下料

瓦楞纸板的基本形状如图 5-4 所示（假设其楞距 P 为 16mm，楞圆半径 R 为 1.5mm，t 为 1mm 或 1.5mm，其余尺寸长度 L、宽度 W、厚度 t、楞高 H 等为设计给定尺寸）。

其标记为：$H \times W \times L/t$。

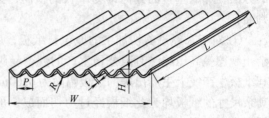

图 5-4　瓦楞纸板

（1）下料尺寸的计算

下料长度 L'：$L' = L$。

下料宽度 W'：纸板厚度方向中心线展开长度即为下料宽度 W'，其中心线示意图如图 5-5 所示（因 $R = 1.5$mm 很小，将其忽略）。

图中 $P'/2$ 为半个楞距的中心线的长度，则

$$W'/W = (P'/2)/(P/2) = \sqrt{(P/2)^2 + (H-t)^2}/8 = \sqrt{64 + (H-t)^2}/8$$

$$W' = W\sqrt{64 + (H-t)2/8}$$

（2）举例计算　计算瓦楞纸板 5mm×750mm×1100mm/1.5mm 的下料尺寸。

根据给定尺寸可以知道，$H = 5$mm，$W = 750$mm，$L = 1100$mm，$t = 1.5$mm，则瓦楞纸板的下料长度 L' 为

$$L' = 1100\text{mm}$$

下料宽度 W' 为

$$W' = 750\text{mm} \times \sqrt{64 + (5 - 1.5)^2}/8 = 819\text{mm}$$

（3）下料　利用剪床剪切出厚度为 t、宽度为 W'、长度为 L 的纸板，注意 W' 尺寸为纸板的纵向纤维方向尺寸。

3. 斜端圈的下料

斜端圈的基本形式如图 5-6 所示。

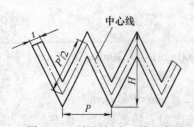

图 5-5　瓦楞纸板中心线示意图

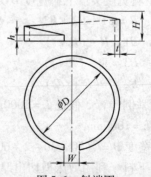

图 5-6　斜端圈

（1）下料尺寸的计算　因斜端圈壁厚较厚（一般在 15～30mm），通常要采用多层纸板进行制作，常用单层纸板厚度为 4mm 及以下。

1）按表 5-6 原则确定出斜端圈实际用纸板的名义厚度 t'。

表 5-6　斜端圈名义厚度的确定　　　　　　　　　　　（单位：mm）

厚度 t	名义厚度 t'	
	粘合时	不粘合时
$t < 15$	t	$t - (0 \sim 1)$
$15 \leqslant t < 20$	$t - (1 \sim 1.5)$	$t - (1 \sim 2)$
$t \geqslant 20$	$t - (1 \sim 2)$	$t - (2 \sim 3)$

2）计算每个斜端圈用纸板张数（以用 δ 厚纸板为例）：若 $t'/\delta = n'$，则每个斜端圈用 δ 厚纸板张数 n 为 n' 的整数部分，余下部分采用一张厚度为 $\delta' = t' - n \times \delta$ 的纸板进行制作。

因此，整个斜端圈用纸板为：n 张 δ 厚纸板和 1 张 δ' 厚纸板。

3）计算纸板下料尺寸：纸板的下料尺寸以最外层纸板的下料尺寸为准，其展开尺寸如图 5-7 所示。

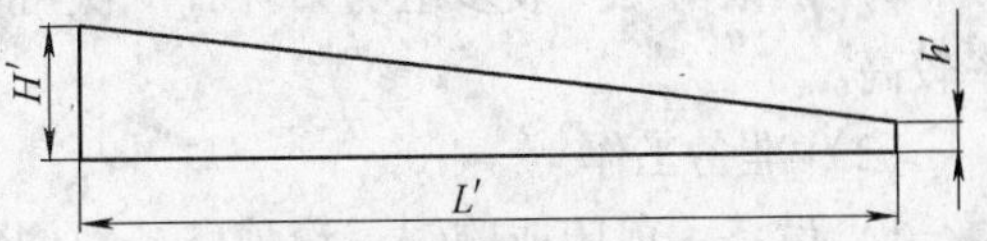

图 5-7　最外层纸板展开尺寸

纸板的下料长度：$L' = \pi(D + 2t) - W + 40$

所下料纸板的大头高度：$H' = H + 8$

所下料纸板的小头高度：$h' = h + 8$

（2）计算斜端圈的下料尺寸　已知 $D = 1215\text{mm}$，$t = 20\text{mm}$，$H = 50\text{mm}$，$h = 15\text{mm}$，$W = 70\text{mm}$，则斜端圈名义厚度 t' 为 18mm；所用纸板为 4 张 4mm 厚纸板和 1 张 2mm 厚纸板；所用纸板下料尺寸为纸板长 3910mm；大头高 58mm：小头高 23mm。

（3）下料　用剪床或跑锯加工出如图 5-7 所示形状和尺寸的纸板，注意 L' 方向为纸板的纵向纤维方向。

4. 线圈用正小角环的下料

常见线圈用小角环分为正角环和反角环，此种角环可将纸板调湿后用模具压制，对于正角环来说，也可利用纸板的塑性变形用小角环机制作，常见线圈用正小角环的结构如图 5-8 所示。

（1）下料尺寸的计算　此角环可用多段角环搭接成圆的方式进行制作，其下料尺寸可按如下方法进行计算：

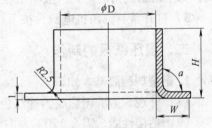

图 5-8　线圈用正小角环的结构

料宽 B：$B = H + W - 2$

料长：每条 1000mm 左右

每个角环所需 1000mm 长料的数量 n：$n' = 3.14 \times D/1000 + 1$（$n$ 为 n' 的整数，舍去小数点后的部分）

（2）下料　用剪床加工纸板进行下料，注意长度方向为纸板的纵向纤维方向。

（3）举例计算　若 $D = 1200\text{mm}$、$W = 16\text{mm}$、$H = 12\text{mm}$，则小角环下料尺寸如下：

料宽 B：$B = H + W - 2 = (16 + 12 - 2)\text{mm} = 26\text{mm}$

料长：每条 1000mm 左右

所需 1000mm 长料的数量 n：$n' = 3.14 \times D/1000 + 1 = 3.14 \times 1200/1000 + 1 = 4.7$，即 $n = 4$

5. 线圈油隙垫块用条料的下料

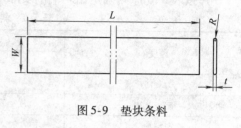

图 5-9　垫块条料

线圈垫块在上冲床进行冲制前，需要先加工成条料，如图 5-9 所示，条料宽度为图样要求的垫块宽度（油隙垫块宽度一般是系列化的，以某公司为例，垫块宽度为 30mm、35mm、40mm、50mm 几种），条料长度一般在 2000mm 左右，条料要求侧棱倒角去飞边。

（1）工艺分析

1）此种条料的加工一般需经过加工板料、剪切条料和倒角三道工序。

2）因滚剪可安装多组剪刀片，一次可剪切出多根条料，所以使用滚剪进行加工条料效率较高。

（2）准备工作

1）设备：剪床或跑锯、滚剪、条料倒角机。

2）工具：钢卷尺、扳手。

3）材料：绝缘纸板。

（3）加工

1）用剪床或跑锯加工出板料，板料需经过滚剪加工成条料，所以板料宽度以小于或等于滚剪工作台有效宽度为准，长度一般在 2000mm 左右，便于冲制。

2）打开滚剪电源，按下起动按钮，待滚剪开始正常工作时，将板料靠紧工作台一边的靠板，慢慢入料，至加工完毕。在用滚剪进行条料加工前，需根据垫块宽度要求调整剪刀距离；为了留出倒角的量，一般将纸板条料宽度加大 1.5～2mm。

3）打开条料倒角机电源，按下起动按钮，将条料匀速送入。

二、层压纸板的制作

1. 酚醛树脂胶基本知识

（1）外观　酚醛树脂胶为棕红色透明液体，有刺激性气味。

（2）粘接性能　需在 120℃ 左右的温度下经受一定的压力和时间，才可固化，为热固性胶，主要用于层压纸板的制作。

（3）稀释　酚醛树脂胶可用酒精进行稀释，操作方法如下：首先用盛胶桶和酒精桶分别取适量的酚醛树脂和酒精，然后将酒精逐渐倒入酚醛树脂胶里面，边倒入边搅拌，用毛刷搅拌均匀，用量筒取配好的胶液，将比重计慢慢地竖直放入量筒中测量胶的密度，当密度达到要求时，停止加入酒精，此时的胶液就可以使用了。一般酚醛树脂胶液现用现配，否则，存放时间一长，酒精挥发，胶液变浓。

2. 以用酚醛树脂胶拼接制作层压纸板

（1）工艺分析　用边角料拼接层压纸板时需经过剪切纸板、配胶、刷胶等工序；加工的重点和难点是对纸板接缝的控制和胶液密度的控制。

（2）准备工作

1）设备：剪床。

2）工具工装：钢卷尺、比重计（1.0~1.1g/cm³）、盛胶桶一只、酒精筒一只、舀子一个、毛刷一个、刮板一个。

3）材料：同一纸板厂家生产的绝缘纸板。

（3）加工

1）准备好酚醛树脂胶，用比重计测量胶的密度为1.00~1.06g/cm³，若密度过高时可用酒精进行稀释。

2）将形状不规则的边角料在剪床上剪成板料，板料长度约为1000mm。将剪切下来的板料按不同厚度分别放在不同的塑料箱里待用。

3）将尺寸约为1000mm×1000mm的整张纸板平铺在工作台垫板上，用毛刷在纸板上刷上酚醛树脂胶，要求刷胶均匀，不匀的部位用刮板刮匀。

4）将剪切好的板料配好宽度，按图5-10方式铺在第一层纸板上。注意对接缝的宽度不得超过1.5mm。

5）在铺好的板料上刷一层酚醛树脂胶，在上面铺第三层板料，与第二层板料方向垂直，如图5-11所示。

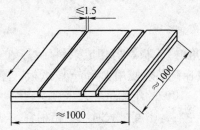 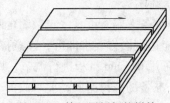

图5-10　第一、第二层纸板的拼接　　　　图5-11　第三层纸板的拼接

6）按如上要求依次刷胶粘接至达到要求的厚度，最上面一层纸板必须是整张纸板。

7）刷胶叠放完毕后测量层压纸板的厚度，要求其厚度比图样要求厚度放大8%~10%，不允许有负偏差。

8）粘接完毕后上表面压以重物，然后在室温下晾干，时间为4~7天。

9）晾干后的工件即可入炉进行压制。

第三节　绝缘件加工

学习目标　掌握常用绝缘件的加工制作。

普通绝缘件的加工方式有很多种，大部分的加工制造均为机械加工，归纳起来，可分为无屑加工和有屑加工两种。

（1）无屑加工　主要是指弯折、压缩、剪切、冲剪等。加工特点是加工端面飞边多，弯折时纤维易断裂，但加工方便，生产效率高。

（2）有屑加工　主要是指车、铣、刨、锯、钻等类加工，加工特点是加工面光滑无飞边，但加工效率低，且若加工不当，易产生表面发黑及炭化问题。

下面介绍几种常见绝缘件的加工方法。

一、撑条的制作

常见的油隙撑条主要分为鸽尾撑条和T型撑条两种，它们的主要作用有两个：一是作为绕组间的机械支撑，二是用于固定油隙垫块。

1. T形撑条的制作（见图5-12）

（1）工艺分析

1）T形撑条为层压件，为保证质量，在粘合时一般采用酚醛树脂胶作为粘合剂，因此必须经过热压处理。

2）T形撑条加工过程一般包括：大张纸板的刷胶、条料的剪切、绑扎、热压、处理等。

3）加工过程中，关键的质量问题是撑条的参差不齐及飞边和有时出现的漆瘤及压偏等。

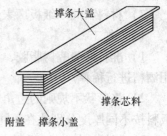

图5-12 T形撑条示意图

（2）准备工作

1）设备：剪床、热压机。

2）工具：卡尺（150mm）、钢卷尺（3m）、胶滚、刷漆工作台、刮板、盛胶槽、酒精槽和多层纸板晾置架。

3）材料：绝缘纸板、酚醛树脂胶、酒精、白线。

（3）制作

1）准备一定宽度、一定数量的板料（可利用边角料），板料剪切成条料后撑条的厚度和数量能达到图样要求即可，注意撑条大小盖中间的芯料必须使用1.5mm厚纸板，厚度不合适时可用0.5mm纸板进行调节，撑条厚度留出8%～10%的压缩量。

2）准备酚醛树脂胶，要求胶的密度为0.9g/cm^{3}左右，密度过大时用酒精稀释。

3）分别对撑条附盖、撑条芯料、撑条大盖和小盖料进行刷胶，其中撑条附盖为单面刷胶，刷胶方式如图5-13所示；撑条芯料为双面刷胶，刷胶方式为满刷；撑条大、小盖料为单面刷胶，刷胶方式均为满刷。

4）将刷好胶的纸板放到晾置架上进行晾置，晾置时间8～12h，以胶膜干燥不粘手为准。

5）按图样要求宽度对附盖料、撑条盖料、撑条芯料、0.5mm厚纸板分别进行剪切，加工出所需宽度。

6）将撑条大盖用条料倒角机进行倒角加工。

7）将剪切好的条料码好，厚度为图样要求厚度加上压缩量，不合适时用0.5mm纸板条进行调节，然后将两根撑条背对背用棉绳绑紧，如图5-14所示。

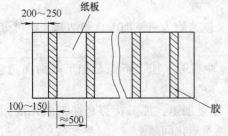

图5-13 撑条附盖刷胶方式

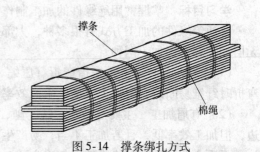

图5-14 撑条绑扎方式

8）将绑扎好的撑条放入热压机上进行热压。

9）撑条压制完毕，拆去绑扎撑条的棉线，清理撑条上的尖角飞边和漆瘤等。

（4）质量分析

1）大盖偏斜。造成大盖偏斜的主要原因是绑扎不牢，搬运过程中错位及压制前没有进行调整，对于尺寸较厚且窄的撑条，在加压过程中，如果压力控制不合适也会产生偏斜。

2）撑条飞边、漆瘤较大。其主要原因是剪切纸板时产生的飞边较大和纸板胶面过厚。

3）尺寸超差。主要是剪切、绑扎过程中产生的尺寸偏差造成。

2. 鸽尾撑条的制作（见图 5-15）

（1）工艺分析

1）鸽尾撑条加工时要用专用铣床进行加工。

2）鸽尾撑条尺寸要求严格，加工时要仔细掌握。

3）加工难点是撑条的宽度尺寸加工以及撑条的曲直问题。

（2）准备工作

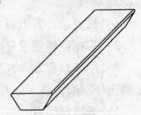

图 5-15　鸽尾撑条

1）设备：跑锯、鸽尾撑条铣床。

2）工具：扳手、3m 钢卷尺、2m 钢直尺、游标卡尺、木工砂纸。

3）材料：绝缘纸板、白布带、塑料袋。

（3）制作

1）首先用跑锯将大张纸板料锯开，再根据专用铣床的要求将纸板料锯切成合适宽度的板料。

2）接通电源，开动撑条铣床，先用长 1000mm 的条料试铣制，把条料紧贴定位挡板，使条料进入压辊，条料随着压辊的旋转而自动前进。注意必须在条料的上面垫一张同宽的纸板，这样可以使铣刀与纸板接触更加紧密，铣制出来的撑条光滑、飞边少。

3）试铣合格后，进行正式铣削加工。

4）清理加工撑条的飞边，将撑条侧棱倒角，以不咯手且能挂住垫块为准。

（4）质量分析

1）撑条挂不住垫块。主要原因是刀具间隙不合适，或倒角过大。

2）撑条咯线。主要原因是撑条侧棱倒角过小。

3）撑条弯曲。主要原因是压辊压紧力过大或两边压紧力不均匀。

二、折弯类绝缘件的制作

1. 工艺分析

1）绝缘纸板本身有一定的抗张力，且在不同的条件下，其纵向和横向抗张力不同。因此，在使用纸板时要根据具体情况确定纸板的弯折方向，以确保弯折时不得拉断纸板纤维，一般纸板弯折线应与纸板纵向一致，即在纸板的横向上进行弯折。

2）在常态下，纸板含水量少，所以不易弯折成形，弯折时很容易造成纸板的纤维断裂。因此，在纸板弯折时必须用蒸馏水进行调湿，并经过保湿使其均匀渗透，一般需将折弯纸板的含水量控制在 14% 左右。

3）纸板在潮湿状态下成形以后，通常要进行定形处理，以防止绝缘件在放置和使用过程中变形。

4）工艺过程包括下料、调湿、保湿、弯折、成形等工序。

2. 准备工作

（1）设备 剪床、折边机。

（2）工具 卡尺、钢卷尺、塑料盆、毛刷、扳手。

（3）材料 绝缘纸板、白布带、蒸馏水。

3. 制作

1）按要求计算纸板料尺寸并在剪床上剪切好。

2）根据图样要求尺寸确定出弯折线并划在纸板上。

3）用塑料盆取一部分蒸馏水，用毛刷刷在纸板的弯折部位，在刷水过程中，要分几次在两面分别刷，使水分内外均匀。

4）纸板调湿后，在折弯机上按线弯折。

5）弯折以后，用白布带进行固定，必要时可烘干成形，待固定成形后再拆去白布带。

4. 质量分析

纸板在弯折处发生断裂的主要原因有：纸板过厚，一般折弯类绝缘件的厚度以 2mm 以下为宜；调湿时用水量少，造成因纸板含水率低而较硬；纸板纤维方向错误。

三、瓦楞纸板的制作

1. 工艺分析

瓦楞纸板为弯折件，为了防止纸板断裂，需对纸板进行调湿处理。

2. 准备工作

（1）设备：剪床、瓦楞机。

（2）工具：卡尺（150mm）、钢卷尺（3m）、直角尺、水银温度计。

（3）材料：绝缘纸板、蒸馏水、塑料布。

3. 加工

1）按要求尺寸用剪床进行下料。

2）将纸板完全浸入蒸馏水里浸泡半分钟左右，取出后在空气中晾置 4h 左右，然后用塑料布包好，放置 24h 后可压瓦楞。

3）按图样要求，调整好两个侧挡板，使两个侧挡板中间的距离为瓦楞纸板宽度，并使其与齿辊垂直。

4）旋转手轮调整两齿辊间隙，使上下齿辊间隙为绝缘纸板厚度加 0.3 ~ 0.5mm。

5）单击加热按钮，使瓦楞机开始加热，当齿辊表面温度达到 100℃ 时（约需 30min），即可开始工作。

6）单击起动按钮，使瓦楞机开始运转，待齿辊运转正常后，开始压制瓦楞。注意一次只能压制一张，不可一次压制两张及多张纸板。

7）由于设备没有调温装置，需随时测温，使齿辊在加工过程中温度保持在 90 ~ 120℃。

8）工作完毕，停车前必须先停止加热，待齿辊温度降到 30℃（约需 3h）及以下时，方可停车，否则会使齿辊变形。

四、斜端圈的制作

斜端圈用在变压器螺旋式线圈的端部，以使线圈端部为平面。与线圈端部采用扇形垫块结构相比，可从很大程度上提高线圈的稳定性，其基本结构如图4-1所示。

1. 工艺分析

1）由于斜端圈为圆筒形状，必须采用模具加工。

2）由于斜端圈直径较大，成形时可不用调湿处理。

3）斜端圈的加工过程包括下料、成形、处理等工序。

2. 准备工作

（1）设备　下料跑锯、烘干炉、起重机。

（2）工具　盛胶桶、毛刷（或滚刷）、线圈绕线模、紧包器、套筒、电刨子、倒角器、手电钻、圆盘锯、小刀。

（3）材料　绝缘纸板、卷缠纸（或塑料布）、聚乙烯醇粘合剂、白布带、砂纸。

3. 制作

1）按要求进行算料、下料。

2）准备线圈绕线模作为胎具，一般绕线模的直径要比图样要求斜端圈内径大 0 ~ 100mm，在绕线模上缠裹上一张 4 ~ 6mm 厚纸板，入炉烘干定形后作为内衬使用。

3）在地面铺上卷缠纸（或塑料布），然后用滚刷或毛刷蘸好聚乙烯醇粘合剂，对每一张纸板进行单面刷胶，刷胶方式为满刷。然后将刷好胶的纸板按从下到上为斜端圈从外径至内径的顺序叠放好，除最上一张纸板刷胶面冲下外，其余纸板胶面冲上。

4）在地面铺上卷缠纸（或塑料布），将紧包器打开，放在上面，使其成一条直线。然后将叠放好的纸板放在紧包器带子上，纸板两端头下面垫上垫木。

5）用起重机将模具放在纸板上，将纸板和紧包器一起弯曲，将紧包器带子穿入转轴内，收紧紧包器，使纸板贴附在模具上，边收紧边用锤子敲打不贴附之处，使其吻合。

6）紧固好后，先在室温下放置 1 ~ 2h，再用起重机将模具和纸板一起吊到烘干炉平车上，入炉烘干定形，烘干温度 100 ~ 120℃，时间 8 ~ 10h，出炉后卸下紧包器。刷胶后也可采用室温定形的方式在模具上冷粘定形，放置 24h 以上再卸紧包器即可。

7）准备好电刨子和移动电源，将斜端圈放置在平坦的地方，准备就绪后接通电刨子电源，开始加工斜端圈的平端面，操作者边加工边观察，一直加工到没有参差不齐即可（由于此端面要作为基准面使用，要确保另一相对面尺寸的可靠性）。

8）用 0.5mm 纸板按斜端圈外径尺寸制作一个样板，样板形状和尺寸为斜端圈的外视展开形状和尺寸。将样板附在斜端圈的外径上，以平端面为基准，划出其斜面的边缘线和开口位置线，用电刨子加工出斜面。

9）根据开口的划线位置，准备好圆盘锯，接通电源，根据开口的划线位置，用圆盘锯锯出开口。

10）准备好倒角器，接通电源，按图样要求对需要倒角的部位进行倒角，用小刀进行修整。

4. 质量分析

（1）开口大　主要是由于下料时尺寸小或直径大造成，或划线错误加工时去掉的多。

（2）直径小　主要是由于模具小造成的。

（3）斜端圈方向反　主要是由于纸板滚圆时，没有注意方向造成的。

（4）端面参差不齐　主要是由于下料不标准或加工量小造成的。

（5）开裂　主要是由于粘合时绑扎不当造成或斜端圈碰撞造成。

五、线圈用正小角环的制作

线圈用正小角环主要用在线圈线段之间，为的是改善线段间的电场分布，其结构如图 5-8 所示。

1. 工艺分析

1）需要用小角环机进行制作。

2）制作正角环的关键是圆度的调整。

3）制作此正角环的基本步骤是下料、调湿、加工圆弧。

2. 准备工作

（1）设备　剪床、角环机。

（2）工具　扳手、钢卷尺。

（3）材料　绝缘纸板、蒸馏水。

3. 制作

1）按要求进行算料、下料。

2）用蒸馏水对纸板进行调湿处理。首先将剪切好的条料放入盆中，使纸板条浸入水中，来回移动纸板条，使纸板条的任何部位均与水充分接触，接触时间为 30s 左右，在室温下晾置 4h 左右。

3）准备好干净的塑料袋，将晾置好的条料放入塑料袋中，将口扎紧。在塑料袋内放置 12h 以上方可以使用。

4）接通角环机电源，按下起动按钮，角环机开始运转，入料压制角环。

六、普通机加工绝缘件的制作

绝缘件的车、铣、刨、钻等机加工与金属件的机加工类似，但两者仍存在很大不同，主要体现在如下：

1）在加工金属件时，可以使用切削液冷却刀具，而在加工纸板件时，却不能使用切削液，故此，在加工过程中，加工面易出现炭化现象，这也是纸板件机加工中的难点。

2）在加工刀具的选择、刃磨方面，加工纸板件所用的钻头、车刀、铣刀、刨刀和金属加工用刀具基本相似，但因纸板较软、易炭化，且加工精度相对较低，所以两者也有不同的地方，主要体现在加工纸板时，刀具的前角要小，后角一般要大些，为的是提高加工效率同时避免局部过热。对于钻头来说其后角为 $20° \sim 25°$，顶角为 $65° \sim 80°$（有时为了减少飞边，顶角要加大到 $150°$ 以上）；铣刀的后角一般为 $10° \sim 25°$。此外，为了延长刀具使用寿命需尽量使用硬质合金刀具。

3）在绝缘件加工中，因其公差一般在 1mm 以上，加工精度相对金属件要差得多，所以其切削用量可以适当加大。

下面简单介绍绝缘件的机加工知识：

1. 绝缘件的车、铣、刨、钻加工工艺及注意事项

1）绝缘件的车、铣、刨、钻加工工艺和金属件加工工艺一样。

2）在使用车、铣、刨、钻床之前操作人员应先了解和熟悉相关机床的结构、性能、使用和调整方法。

3）在开机前，要对设备各部分进行润滑，检查设备有无异常现象，如发现问题，要找维修工修理。

4）在加工过程中，一定要固定好加工件，而且要保持工件的清洁，严禁油污滴落到工件上。

5）加工完毕后，要及时清理工作场地，擦干净设备。

6）在加工层压纸板或层压木时，要合理选择加工参数、刀具及加工方式，避免工件发生炭化现象。

2. 选择切削用量的基本原则

切削用量主要包括切削速度、进给量、每齿进给量、吃刀量、背吃刀量、侧吃刀量、进给吃刀量六部分。在日常生产中，主要选择的是切削速度、进给量和吃刀量。通常来说，切削用量选得高，并不一定能使生产效率高，因为切削用量选得过高后，刀具寿命就要下降，需要经常换刀或刃磨，反而影响生产效率；同时，因绝缘件要求的特殊性，若切削用量过高，则容易造成绝缘件发生炭化等现象，影响质量。一般来说，应以降低刀具消耗，保证工件质量并保证必要的生产效率为原则来选用切削用量，主要可从以下几方面考虑：

1）制造和刃磨比较复杂的刀具，如成形铣刀等，切削用量可选得低些，使刀具寿命高些。反之，如车刀、刨刀等，切削用量可选得高些。

2）装卡和调整较复杂的刀具，如多刀锯等，切削用量可选得低些，以提高刀具的耐用度。

3）切削大型工件，为避免在切削过程中经常换刀，切削用量可选得低些。

3. 层压件加工的基本原则

在层压件加工过程中，为了避免其开裂影响质量，必须遵循如下原则，即正确选择层压方向：

1）对层压纸板件来说，如果没有特别指明层压方向，则下料时应使层压方向与孔轴向垂直，避免在层压方向上打孔造成纸板开裂。以图 2-10 所示的导线夹为例，下料时要使层压方向在 60mm 方向上，即使尺寸 60mm 为厚度方向，80mm 为宽度方向。

2）对层压木件来说，如果没有特别指明层压方向，则下料时尽量使层压方向与槽平行，避免开槽时造成木件边缘迸裂。

3）对于双面打孔的层压纸板导线夹等，要在孔两侧增加工艺铆钉进行加固。

4. 加工示例

以加工图 2-10 所示的导线夹为例。

（1）工艺分析

1）此导线夹的加工包括：下方料、划线、开槽、去台阶、钻孔等加工工序。

2）加工过程中的难点是保证层压纸板条料尺寸和划线。

3）在钻孔时，工件要放平，以防出现偏斜，并要尽量减少飞边。

4）导线夹上 3 个 25mm×70mm 的矩形槽要在铣床上加工，在加工时要防止层压纸板的开裂和尽量减少飞边。

5）为保证纸板条料的下料尺寸和表面质量，层压纸板要用圆盘锯下料。

6）在用圆盘锯下料以及钻孔、铣槽的加工过程中，要防止加工表面发黑及炭化现象。

（2）准备工作

1）设备：带锯、圆盘锯、立铣床、摇臂钻床。

2）量具及工具：卡尺、钢卷尺、红蓝铅笔、样冲、钢直尺、直角尺、$\phi 22mm$ 钻头、铣刀、锉刀、砂纸及机用虎钳。

3）材料：层压纸板厚度为 60mm。

（3）制作

1）用带锯下料，圆盘锯锯出宽为 80mm，长为 630mm 的层压纸板垫块。

2）按要求用红蓝铅笔进行划线。

3）钻孔：

① 钻孔前的准备工作。在使用钻床之前，要根据钻床的润滑系统对油孔注油，检查各部分手柄是否在应有的位置上，设备是否处于正常状态。然后再开车做空载试运转，检查各部分夹紧机构是否有效，钻头是否锋利，韧角是否合理，并将机用虎钳固定在钻床工作台上。

② 钻孔操作。首先卡好钻头，将划好线的导线夹固定在机用虎钳上，底部要垫实、卡正，接通钻床电源，按下起动按钮，根据孔中心冲眼的位置钻孔，在钻孔时要根据情况不断提起钻头，去掉纸屑，以避免产生炭化现象。

4）铣槽：

① 铣槽前的准备工作。检查铣床是否处于正常工作状态，选择好铣刀，把机用虎钳固定在铣床工作台上。

② 铣槽操作。首先把选择好的铣刀安装在铣床上，将工件卡在机用虎钳上，注意要放正夹平，然后用铣刀加工 3 个矩形槽。

5）加工台阶：此台阶可以利用带锯加工，根据台阶所划线的位置，首先把导线夹80mm 宽的面正对带锯条，从划线出锯深 10mm，然后从带锯上退出，再从台阶端开始，沿台阶位置线锯切到两刀口相交，加工出台阶。

6）清理导线夹各部位的尖角飞边：操作者首先用刀子削去飞边，用锉刀锉平台阶，然后再用砂纸打磨干净。

第四节　绝缘件装配

学习目标　掌握常用粘合剂的调配制作方法；一般装配件的装配制作。

一、粘合剂的调配制作

常用的聚乙烯醇粘合剂一般用胶粉和蒸馏水按照一定的比例配好，加热熬制而成。其制作方法通常可采用烘干炉加热法和熬胶机熬制法。

1. 烘干炉加热法

烘干炉加热法比较简单，首先将胶粉和蒸馏水按照要求的比例一起放到不怕加热的容器内，然后放入烘干炉中加热，炉温140℃左右，时间4h左右即可。

此种方法操作简单，但胶的密度不易控制，因此，目前很多厂家都不再采用，而使用熬胶机进行加热熬制。

2. 熬胶机熬制法

（1）所用设备

1）常用熬胶机的结构如图5-16所示。

常用熬胶机主要包括内外桶、搅拌器、加热器和温度控制器等部分。

2）加工原理：采用水浴加热法，即通过加热器加热内外桶间的水，使内桶的胶粉和水受热后充分融合，同时采用温度控制器控制内桶溶液温度，实现自动加热和保温。

（2）所用工具和材料

1）工具：塑料袋、台秤（0～50kg）、塑料盛胶桶、塑料舀子、塑料胶瓶。

2）材料：胶粉、蒸馏水。

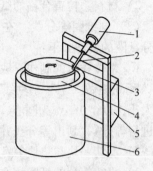

图5-16 熬胶机的结构
1—电动机 2—搅拌器 3—筒盖
4—内桶 5—控制箱 6—外桶

（3）制作

1）将聚乙烯醇粉末与蒸馏水按1:10～12的重量比各自秤好。

2）将内筒清洗干净，将适量的蒸馏水倒入内桶中。

3）将适量的胶粉缓缓倒入内桶的蒸馏水中，拿着搅拌器的把手部位轻轻搅动，使胶粉充分膨胀，同时使分散和挥发性物质溢出，注意不要用手触摸搅拌器与胶液接触的部位。

4）在内外桶之间加入自来水，使水位的高度为外桶高度的1/2左右，且必须在外桶高度的2/3以内，严防无水加热或水过多溢入内桶中，安装好搅拌器，并盖好桶盖。

5）合上电源开关，使搅拌器开始工作。

6）将温控旋钮旋转至100℃，开始加热。

7）当温度表的示值在90～100℃时，保温2～2.5h，直到溶液不再有微小颗粒为止。在加热和保温过程中，操作者需每隔20min观察一次设备加热情况、温度值等，发现异常应及时处理。

8）关闭电源，停止搅拌器，停止加热。

二、常见绝缘件的装配

1. 绝缘端圈的制作

绝缘端圈是指在线圈的端部绝缘以外与铁轭之间的绝缘，一般由纸圈和垫块组成，常见端圈形式如图5-17所示。

（1）工艺分析

1）端圈为组合件，首先要加工端圈所用的零部件，其中包括纸圈和垫块等。

2）端圈的加工难点是划线，主要为纸圈的等分线。

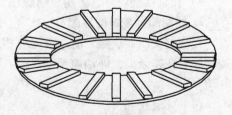

图5-17 绝缘端圈

3）加工端圈用的纸圈、垫块等绝缘件检查合格后方可粘接。

（2）准备工作

1）工模具：钢直尺、钢卷尺、红蓝铅笔、小刀、曲线锯、划线模板（16～44等分）、重块、样冲。

2）材料：检查合格的纸圈和垫块。

（3）划纸圈等分线　在粘接端圈垫块之前，要先进行纸圈的等分，以确定垫块位置，等分纸圈的方法如下：

1）整体样板的制作：取一件耐用的平板（或纸板），确定出中心位置"0"，过中心点"0"用划规做"十"字垂线，如图5-18所示，并标出0°、90°、180°、270°线，根据平板的大小，以"0"点为圆心，划出几个同心圆，取其中一个圆用量角器进行等分（以0°线开始进行等分），划出等分线并延长至纸板边缘即可。

2）剪切一块与垫块等宽、等长的薄垫块，标出宽度方向上的中心线，作为垫块样板。

3）将待等分的纸圈放在等分样板上，用钢直尺测量并移动纸圈，使纸圈的中心与等分样板的中心重合，确定出纸圈的位置。

4）把垫块样板放在纸圈上，使垫块样板的中心线与等分线重合，以垫块两侧为准在纸圈幅向上划线直到整个纸圈等分完毕，如图5-19所示。

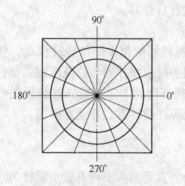

图5-18　16等分样板示意图

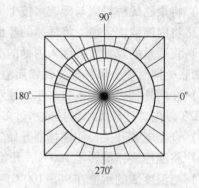

图5-19　纸圈等分示意图

（4）粘接垫块　按要求粘接好垫块。

（5）注意事项

1）划线要准确。

2）对纸圈、垫块等一定要在组装前清除尖角飞边。

3）在粘接垫块时，要用重物冷压，防止出现错位现象。

2. 线圈油隙垫块的穿配

在绕制变压器线圈之前，首先要根据图样要求，将匝与匝（饼与饼）之间的油隙垫块按顺序穿在撑条上，即油隙垫块的穿配，常用油隙垫块有燕尾垫块和鸽尾垫块两种，如图5-20所示。

（1）工艺分析

1）因油隙垫块一般采用冲制方法进行制作，冲制厚度应小于3mm，所以每个油道要由几片垫块组成，一般采用1.5mm和2mm厚垫块进行油道配制。

2）线圈中为了改善电场和油流分布，常常需要在线圈内外径放置角环和扇形板，此处的垫块为复合垫块，需事先进行制作。

（2）准备工作

1）设备：冲床。

2）工具：扳手、钢卷尺、卡尺、锉刀。

3）材料：加工好的垫块条料、PVA 胶。

（3）穿配

1）按要求上好冲模，调整冲模后挡板，使其距下冲模的距离为垫块长度，拧紧螺栓进行固定。

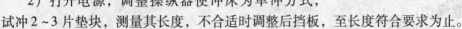

图 5-20　油隙垫块基本形状
a）燕尾垫块　b）鸽尾垫块

2）打开电源，调整操纵器使冲床为单冲方式，试冲 2～3 片垫块，测量其长度，不合适时调整后挡板，至长度符合要求为止。

3）调整操纵器使冲床为连续方式，按图样要求冲制垫块。

4）用冲制好的垫块制作复合垫块，常用复合垫块（以燕尾垫块为例）如图 5-21 所示。

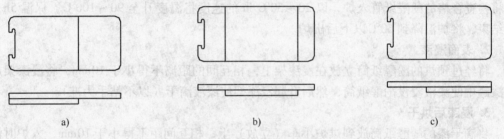

图 5-21　常用复合垫块

其中，图 5-21b、c 两种形式的复合垫块采用两块垫块分别冲制然后刷 PVA 粘接的方式制作，图 5-21a 中的复合垫块可不粘接成一体，两块垫块分别穿在撑条上。

5）选好撑条，从 1 号撑条开始，按穿配顺序进行穿配。

第五节　绝缘件处理

学习目标　掌握绝缘件的浸漆处理办法。

目前，进行浸渍处理的绝缘件除了酚醛纸板零件外，更主要的为酚醛纸管，下面简单介绍酚醛纸管浸漆处理的基本方法。

一、工艺分析

1）酚醛纸管的表面浸漆烘焙是指酚醛纸管经卷制缩合烘焙后的表面浸漆烘焙。

2）酚醛纸管的表面浸漆要进行两次，在浸漆前对酚醛纸管要进行预烘，浸漆后再进行烘焙。

3）在浸漆烘焙过程中要控制温度的上升速度，避免酚醛纸管因升温过快而起泡。

二、准备工作

1）设备：烘干炉、浸漆罐。

2）工具：锉刀、量筒（500ml），4#粘度计、秒表、橡胶手套、0~200℃热偶温度计、浸漆架、砂纸。

3）材料：卷制合格的酚醛纸管、汽油、酚醛树脂胶、酒精、白布、0#砂纸。

4）检查待表面浸漆的酚醛纸管的长度、直径、厚度等是否合格，并要求无起泡、开胶等现象，端面无飞边，若有飞边、气泡等用砂纸打掉，并用干净白布蘸汽油将油垢和飞屑擦掉。

5）检测浸漆罐中酚醛树脂胶的密度，用4#粘度计测量在室温内为14~17s，当粘度高时，就加入适量酒精；粘度低时，加入适量的酚醛树脂胶液，再进行检查直到合格为止。

三、浸漆操作

1. 预烘酚醛纸管

酚醛纸管从出炉经脱管、锯切等工序到浸漆时间超过8h后，在浸漆以前必须预烘。首先将检查合格的酚醛纸管入炉，以20~30℃/h的速度将温度升至90~100℃，保温5h，烘焙结束，将炉温降到60℃以下后出炉。

2. 表面浸漆

将经过预烘的酚醛纸筒立放在浸漆架上，相互间的距离不得小于10mm，将浸漆架放入浸漆罐中使漆液浸没酚醛纸筒，然后升起浸漆架使漆液滴干（以不粘手为准）。

3. 浸漆后烘干

将滴干漆的酚醛纸筒放到烘炉小车（立放）上，相互间距不得小于10mm，入炉时温度不要超过50℃，以防酚醛纸筒起泡，将炉温在3~4h内缓慢升至120~130℃，保温3h后，将炉温降至60℃以下出炉。

4. 二次浸漆与烘干

酚醛纸筒经过第一次浸漆烘干后，要对其表面用0#砂纸打磨，消除气泡、漆瘤等，并用汽油擦洗，随后进行第二次浸漆。酚醛纸筒二次浸漆后滴干方向要与第一次滴干方向相反，以使酚醛纸筒表面均匀，像第一次浸漆后需烘干一样，在浸第二次漆后，对酚醛纸筒要进行烘干，方法同第一次。

第六章 检 测

第一节 尺 寸 检 测

学习目标 常用测量工具的使用；一般零部件的尺寸检测。

（一）测量工具的使用

1. 游标卡尺

（1）游标卡尺的分度值 常用游标卡尺的分度值有 0.01mm、0.02mm 等。

（2）使用方法

1）测量宽度，如图 6-1 所示。

2）测量槽宽，如图 6-2 所示。

3）测量深度，如图 6-3 所示。

图 6-1　测量宽度　　　　图 6-2　测量槽宽　　　　图 6-3　测量深度

（3）读数

1）查出游标零线在主尺上错过几小格，读出整数。

2）查出游标上哪一格刻度线与主尺上的某一刻度线相对齐，计算出错过格数再乘以精度，得出小数。

3）将主尺上的整数和游标上的小数相加，可读出被测量的工件尺寸。以图 6-4 为例（分度值为 0.02mm），其尺寸为：$12mm + 21 \times 0.02mm = 12.42mm$。

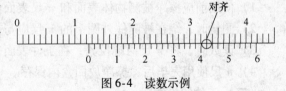

图 6-4　读数示例

（4）注意事项

1）在使用前，必须将量爪间的灰尘擦净，合拢量爪，检查刻度线是否对齐，并要检查测量面是否贴合。

2）测量零件时，量爪要和工件测量面垂直，不能歪斜。

3）当量爪与被测工件接触后，用力要适当，不能过大。

4）不准把游标卡尺的量爪当作划针、圆规、钩子等使用。

5）游标卡尺使用完后，必须仔细擦净并涂油，然后放在盒内。

2. 直角尺

直角尺常用来划线、检查工件的垂直度等。

用直角尺判断零件的直角,即根据尺和工件结合处的透光间隙的大小来判断其垂直情况。例如:图6-5表示工件垂直,图6-6表示工件大于90°,图6-7表示工件小于90°。

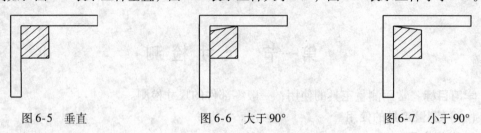

图6-5 垂直   图6-6 大于90°   图6-7 小于90°

直角尺在使用过程中要轻拿轻放,防止直角尺变形,直角尺边缘磨损后就不要再使用,应研磨修复后再使用。

3. π尺

(1)测量精度 π尺测量分度值为0.01mm。

(2)使用方法 将π尺展开,围在被测件的外测,用力勒紧,使π尺两端头有刻度的部位对齐,如图6-8所示。

(3)读数 以图6-9为例,首先读出副尺零位在主尺上的读数,图中所示为355,然后查出副尺刻度线与主尺上哪一刻度线对齐,图中所示为35,则测量出的直径为355mm + 0.01 × 35mm = 355.35mm。

图6-8 π尺的使用方法

图6-9 读数示例

(4)注意事项

1)使用前应擦净被测物体表面和π尺表面。

2)测量时,绕在被测件外圆上的π尺应与被测件轴心垂直。

3)读数时,将π尺两端拉紧,在工件表面来回蹭几次,以确保π尺与工件表面贴合。

4)π尺使用完毕后,擦净放回盒内保存。

(二)工件的检测

1. T形撑条

(1)尺寸偏差 见表6-1。

表6-1 T形撑条尺寸偏差   (单位:mm)

尺寸	W	B	H		L
			≤10	>10	
偏差	-0.5 ~ +0.5	-1 ~ 0	-0.5 ~ +0.5	-1 ~ +0.5	0 ~ +20

（2）横向弯曲偏差　见表6-2。

表6-2　T形撑条横向弯曲偏差　（单位：mm）

长度	$L \leq 1500$	$1500 < L \leq 1500$	$L > 2000$
偏差	0 ~ +5	0 ~ +10	0 ~ +15

2. 鸽尾撑条

（1）尺寸偏差　宽度：-0.5 ~ +0.3mm，长度：0 ~ +20mm，厚度：-0.2 ~ +0.8mm。

（2）横向弯曲偏差　见表6-3。

表6-3　鸽尾撑条横向弯曲偏差　（单位：mm）

长度	$L \leq 1500$	$1500 < L \leq 2000$	$L > 2000$
偏差	0 ~ +3	0 ~ +5	0 ~ +8

3. 线圈油隙垫块

（1）单片垫块　垫块偏差如图6-10所示。

（2）复合垫块　常见复合垫块偏差如图6-11所示。

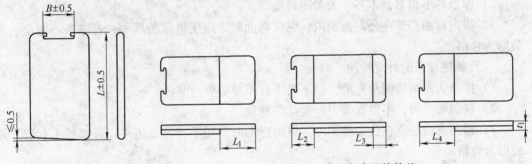

图6-10　垫块偏差　　　　图6-11　常见复合垫块偏差

图中，t_1：±0.5mm；L_1、L_2、L_3、L_4：0 ~ +1mm。

4. 瓦楞纸板

（1）尺寸偏差偏差　见表6-4。

表6-4　瓦楞纸板尺寸偏差　（单位：mm）

长度 L	L	W
≤500	+1 ~ +3	-1.0 ~ +1.0
501 ~ 1000	+2 ~ +4	0 ~ +2.0
>1000	+2 ~ +5	0 ~ +2.0

（2）对角线互差　见表6-5。

表6-5　瓦楞纸板对角线互差　（单位：mm）

长度	≤500	501 ~ 1000	>1000
对角线互差	2	3	4

5. 小角环

ϕD：0 ~ +160mm；H：-2 ~ 0mm；W：-1 ~ +1mm。

6. 斜端圈

周长：-5~0mm；高度：-2~+2mm；厚度：-1.5~+1.5mm。

7. 端圈

端圈尺寸偏差见表6-6。

表6-6　端圈尺寸偏差

（单位：mm）

厚度	厚度偏差	垫块位置偏差	类型	内径偏差	外径偏差
<32	0~+2	-2.5~+2.5	纸圈开口	0~+2	-3~+3
≥32	-1~+3		纸圈不开口	-1~+2	

第二节　外　观　检　测

学习目标　常见绝缘件外观的检测。

（1）T形撑条的外观检测

1）不得有起层、开裂现象，不得有胶瘤。

2）撑条芯不得参差不齐，大盖不得偏斜。

3）横向弯曲必须在公差范围内，纵向弯曲时，用手将撑条压平，若撑条不起层、不开裂即为合格。

（2）鸽尾撑条的外观检测

1）撑条大面侧棱倒角光滑，以不咯手且不掉垫块为准。

2）铣制面光滑，不得有啃刀、炭化等现象。

3）横向弯曲必须在公差范围内，纵向弯曲时，用手将撑条压平，若撑条不起层、不开裂即为合格。

（3）瓦楞纸板的外观检测

1）弯折部分不得有折裂现象。

2）瓦楞纸板的沟槽与纸板宽边 W 应垂直。

（4）线圈用正小角环的外观检测

1）弯折部位不得有断裂现象。

2）横边和立边宽度均匀。

（5）斜端圈的外观检测

相邻层间缝隙：≤1.5mm。

端面参差不齐：≤1mm。

端面波浪度：≤3mm。

第三部分 高 级 技 能

第七章 工 艺 准 备

第一节 读   图

学习目标 能识读线圈、静电环等较复杂绝缘件。

一、线圈

线圈图与一般的绝缘零部件图稍有区别，除包括图样本身需包括的标题栏、信息栏、明细栏、技术要求等外，因线圈本身的特殊性和复杂性，其零件形状和尺寸部分一般采用几部分进行说明，主要包括绕组展开图、技术数据表、线圈尺寸及出头示意图等，此外，根据不同线圈的不同特点还有其他图样，如纠结式线圈需有纠结和换位示意图，内屏蔽线圈需有插入电容安插示意图等，有时为了表示清楚，还增加了角环及隔板放置示意图、纸筒放置示意图、线圈接线图等。

（1）螺旋式线圈 下面以一个线圈为例进行介绍。其技术数据见表7-1，线圈展开图如图7-1所示，线圈尺寸及出头位置图如图7-2所示，明细表见表7-2。

表 7-1 线圈技术数据

额定电压10500V			相电流428.6A			3相		d接法			
每台变压器线圈3只			每只线圈1段			总匝数110匝		左绕向			
线段号	线段数	每段匝数		总匝数	并绕根数	导线尺寸	导线质量/kg	导线尺寸/mm		线段直径/mm		层间垫条	内径垫条	外径垫条
		每段匝数	屏蔽匝数					轴向	幅向	内径	外径			
M	1			110	3			1750	13	626	652			
						ZB－0.45 3.75×13.2 4.2×13.65	869 881							
线圈压缩前高度1834.2			垫块压缩24.2				线圈压缩后高度1810							
线圈形式为 单半螺旋式			垫块压缩后高度229.3											

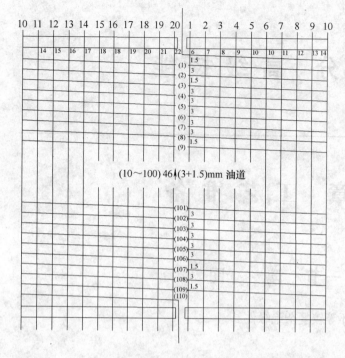

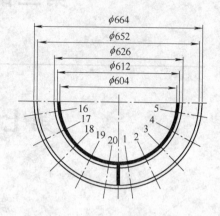

图7-1 线圈展开图　　　　　　　图7-2 线圈尺寸及出头位置图

表7-2 线圈明细表

11	6×18×1810	外撑条	60	0.21	JC100/00-6	
10	×××	绝缘筒	3			
9	0.15×25	高网络带	1	0.5	JDWL-0.15×25	
8	0.25×25	收缩带	1	0.5	JDS-2-0.25×25	
7	30	皱纹纸	1	0.5	JZJW50/50-30	
6	0.08×30	皱纹纸	1	0.5	JZ22HCC-0.08×30	
5	L=3×3×223m	纸包扁线	1	881	DXZB-0.45-3.75×13.2	
4	×××	垫块	820			
3	×××	垫块	10300			
2	×××	撑条	60			
1	×××	端圈	6			
序号	图号	名称	数量	质量/kg	材料代码	备注

从上述图、表中可以看出:

1)此变压器为三相变压器,其技术数据表中分别给出了额定电压值和相电流值等,同时给出了线圈的绕向。对于绕向,除技术数据表中给出外,在展开图中也有明确的表示,两者的对应关系为"左起右绕向,右起左绕向",即起头处开始向右绕的线圈其绕向为左绕向,反之则为右绕向。从图7-1中可以看出,其起头处向右绕,所以可以断定其为左绕向线圈。

2)此线圈为3根导线并绕的单半螺旋式线圈,共110匝,其所用线为纸包扁线,匝绝缘厚度为 0.45mm。对于数据表中的导线尺寸，一般横线上方表示裸线尺寸，而横线下方表示包绝缘后的导线尺寸。

3）线圈一般均需有展开图，表示绕制的具体要求，如绕向、油隙尺寸、换位位置及方式、导线放置位置等，对图 7-1 所示线圈来说，因其结构比较简单，没有换位等，所以只表示出了油隙的尺寸，从图中可以看出，此线圈最大油隙为 3mm，最小油隙为 1.5mm。对螺旋式线圈均有一过渡撑条用于油隙尺寸从大到小或从小到大的变化，此处必须标明油道的过渡尺寸。对本线圈来说，其过渡撑条为第 1 号撑条。

4）因线圈需加压干燥，在此过程中油隙垫块和导线匝绝缘等均会有一定的压缩，所以线圈图中必须给出垫块压缩尺寸和线圈压缩后的高度，在垫块穿配时必须根据工艺要求对垫块厚度进行调整，保证垫块压缩后的尺寸符合图样要求。

5）线圈尺寸及出头位置图中，从里到外分别给出硬纸筒的内径、外径，线饼的内、外径及垫块的外径等。同时给出出线的位置，即出线处在哪两根撑条的间隔内。

6）明细表主要给出所用绝缘件和导线等的具体尺寸和规格，按此备料即可。注意此变压器为三相变压器，所以每台变压器有相同的线圈三只，其各种零件的数量均为三只线圈的数量，若为单相变压器，则各种零件的数量均为一只线圈的数量。

（2）连续式、纠结式、内屏蔽式线圈　此三种线圈图中除包括上述内容外，与螺旋式线圈最明显的区别主要如下：

1）对连续式线圈来说，线饼与线饼的连接需要通过特殊方式，即底部换位和外部换位，在展开图中必须明显标出换位位置和方式，对于某些需跨撑条换位的线圈，因换位线占据了线饼的一部分幅向尺寸，该处垫块均有特殊的换位垫块。对纠结式和内屏蔽式线圈来说，展开图中需表示出纠结方式和屏蔽线连接方式等。

2）若有线圈截面图，则可表示出导线的连接方式、垫条位置、屏蔽线位置、纠结连线方式、角环和隔板放置方式等。

二、静电环

静电环通常放在线圈端部，通过其感应电动势产生的电场来改善线圈端部电场的分布，因此在识读静电环时必须注意其导体部分和绝缘部分的结构，一般静电环有整圆和开口两种结构形式，下面以图 7-3 所示的开口静电环为例进行介绍。

1）根据结构和电场的要求，导体的位置有多种方式，可在骨架的内径侧、外径侧、上表面和下表面等，读图时必须将其明确。图 7-3 所示为导体就位于骨架的外径侧。

2）静电环中不能产生电流，所以无论哪种结构的静电环，其导体均为断开方式，对整圆静电环来说，一般在断开处有非常具体的距离和绝缘要求；而开口静电环其开口处即为断开处。

3）必须明确绝缘层的厚度和所用绝缘材料的具体要求。常用的静电环绝缘材料有电缆纸、皱纹纸、丹尼森皱纹纸等多种，必须根据用途严格区分各种绝缘纸所处的部位。

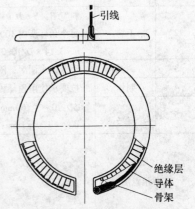

图 7-3　开口静电环

4）出线方式一般有轴向出线和幅向出线两种。图7-3所示为轴向出线。

第二节　工艺文件准备

学习目标　一般加工工艺程序卡的编制。

要想编制一种工件的加工工艺程序卡，首要的条件是必须了解这种工件的加工方法和工作重点，并按工艺流程进行编写。一个完整的工件加工工艺程序卡主要包括以下几个部分：工件号、工件名称、工件图号、加工顺序、加工内容、加工方法、检查要求、操作者等。

一、编制加工工艺程序卡遵循的原则

1）简单明了，便于使用和流通。

2）作业顺序合理，减轻劳动强度。

3）作业重点和作业要求明确，能指导实际操作。

4）作业记录详尽，能进行质量跟踪。

二、加工工艺程序卡的编制方法

下面以线圈用正小角环为例进行说明：

1. 工艺分析

1）小角环的加工工艺流程是：准备工作、下料、调湿、制作和检查。

2）在加工前必须按图样要求对设备进行调整。

3）制作小角环的重点是工件的调湿和设备的调整。

2. 根据工艺流程编写程序卡（见表7-3）

表7-3　加工工艺程序卡

工件号		型号规格		工件图号		数量	
序号	作业内容	作 业 方 法				操作者	互检者
1	准备工作	工具：扳手、塑料盆、塑料袋、3m钢卷尺					
		设备调整：侧挡板、导向板					
		辅材：蒸馏水					
2	下料	料宽 B：$B = H + W - 2\text{mm}$；料长：每条1000mm左右 每个角环所需1000mm长料的数量 n $n = 3.14 \times D/1000 + 1$，$n$ 取整数（舍去小数点后的部分）					
3	调湿	用蒸馏水调湿，闷制时间12h以上					
4	制作	按要求使用角环机进行压制					
5	检查	ϕD：$0 \sim +160\text{mm}$；H：$-2 \sim 0\text{mm}$ W：$-1 \sim +1\text{mm}$；α：$-20° \sim +20°$					
工件示意图		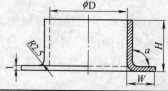					

第三节　工具设备准备

学习目标　大型设备基本知识；常见设备的故障排除；工装工具的设计要求。

一、大型设备相关知识

1. 数控加工中心

以图 4-5 所示的龙门移动式数控加工中心为例，其主要技术参数如下：

控制轴数量：3。

1）工作台尺寸（宽×长）：3740mm×3720mm。

2）有效工作尺寸（宽×长）：3520mm×3500mm。

3）X 轴动作最大尺寸：4000mm。

4）Y 轴动作最大尺寸：3500mm。

5）Z 轴动作最大尺寸：400mm。

6）转速：1200～18000r/min。

7）工件最大外径：ϕ3000mm。

8）最大厚度：130mm。

其基本加工工件为压板、托板等，典型形状如图 7-4 所示。

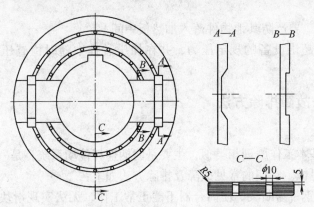

图 7-4　压板、托板典型形状

其基本加工内容如下：

1）加工工件上下端面，用端面铣刀加工。

2）加工工件内外周边，用立铣刀加工。

3）加工槽，用立铣刀加工。

4）加工孔，用钻头加工（大孔用立铣刀加工）。

5）周边倒圆角，用圆角刀加工。

数控加工中心在使用时的注意事项如下：

1）微机控制柜要保持干燥和恒温，严防水和污物入内。

2）随时检查真空管道、真空吸盘等部件，发现异常及时处理。

3）保持工作台面清洁，关好防护罩，严禁异物进入电动机内部。

4）严格按照加工范围操作，不允许超性能、超负荷工作。

5）工作中发生不正常现象时，应立即停车排除，或通知维修人员检修。

2. 热压机

图 4-6 所示的热压机主要技术参数如下：

1）公称吨位：3500t。

2）加压板尺寸：3200mm×3200mm。

3）压板与压板的间距：200mm。

4）压制工件层数：5 层。

5）加热板空行程速度：5mm/s。

6）压板温度：105～150℃。

7）蒸汽压力：0.6MPa。

热压机在使用时的注意事项如下：

1）检查热压机各润滑部位的润滑情况，需加油的地方要加油。

2）检查各压力表是否正常，是否有漏气、漏油现象，发现异常后要停止使用。

3）认真检查蒸汽压力及液压油是否处于正常状态，低于用量时不能热压。

4）热压机要由专人负责操作，严禁靠近滑动面与蒸汽管路，避免出现事故。

5）认真执行热压机操作规程，保证一个动作结束后再执行另一个动作，防止出现事故。

6）安装工件时，要严防其他物件落入加热板中间。

7）加压时严禁超出设备的规定压力，并在加压过程中随时检查压力表、安全阀等的变化。

二、常见设备故障排除方法

1. 冲床、剪床

冲床和剪床的基本工作原理相类似，主要是曲柄连杆传动系统，是一种将旋转运动转变为直线往复运动的机械。它们的常见故障及排除方法如下：

1）带式制动器钢带易断裂，使离合器不能正常工作，无法实现滑块上下运动。解决办法是：适当调整制动器弹簧张力，防止钢带断裂，还要防止摩擦制动带粘油而降低摩擦因数。

2）开机后轮轴转动而滑块没有上下往复运动。这种情况可能有如下两点原因：

①由于滑块处于下止点位置，使机器负载过大，不能起动，此时，关闭电源，手动盘车，使滑块处于上止点位置即可。

②查看离合器柱销是否归位，适当调整柱销，使其归在原位。

2. 带锯

带锯主要是由电动机带动圆盘轮使锯条沿切割方向转动。通常加工一些较厚的层压纸板或层压木时，最常发生的是锯条断裂飞出，或锯条转动不稳，其主要原因有如下几个方面：

1）大轮轴承损坏。

2）大轮外缘牛皮面磨损严重。

3）锯条靠紧轮出现的沟过深。

为了避免出现上述问题，在使用带锯前要做好如下工作：

1）检查大轮是否完好无损。

2）点动开关仔细听看带锯大轮转动是否异常。

3）开动设备，锯条靠紧轮如果产生的摩擦沟较深，要及时更换。

3. 推台锯

推台锯常见的故障及处理办法主要如下：

1）电动机传动带松或者损坏，导致锯切零部件时，电动机转动而锯片不转，且锯切面容易出现炭化现象。所以在加工前要对传动带进行紧固，对损坏的传动带要及时更换。

2）电动机过热，损坏电动机，引起这种现象的主要原因是锯片钝，或是锯切较厚的材料。因此加工前要及时更换锯片，对较厚的工件，尽量不用推台锯加工，而改用带锯加工，这样既保证了设备的正常使用，又保证了锯切面的表面粗糙度。

三、工装、刀具和模具的设计原则

1. 工装设计原则

工装是为了完成加工或提高加工效率而制作，在提出设计要求时必须掌握如下几点原则：

1）能实现预期的作用。

2）结构合理、使用简便。

3）尽量能重复使用，避免一次性使用。

例如，一个纸圈放置架的设计要求如下：

1）此放置架为一个圆盘加推拉杆形式，所放置纸圈的最大直径为 3000mm，推拉范围为 1.8 ~ 3m。

2）放置架台面无任何突出部位，以防滑伤纸板。

3）架体涂防锈漆。

4）最大承重 3t。

5）架子高 500mm。

6）圆盘为 ϕ700mm。

2. 刀具设计原则

在提出刀具设计要求时，必须掌握如下几点原则：

1）能与所要使用的设备可靠配合。

2）角度合理，能达到加工绝缘件的一般要求，即加工表面光滑，无炭化等现象。

3）有合适的排屑槽，便于排屑。

4）使用寿命长，易于刃磨。

例如，一种倒角刀的形状如图 7-5 所示。

要求 $R = 20mm$，$\phi = 60mm$，$H = 87mm$，则设计要求如下：

1）所加工材料：层压纸板。

2）转速：8000 ~ 12000r/min。

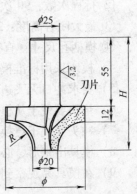

图 7-5　倒角刀

3）前角 $\alpha_0 = 18°$，后角 $r_0 = 22°$。

4）径向圆跳动 ≤ 0.01mm。

5）刀头材料为硬质合金。

6）刀具应有利于切削热的传出，有利于排屑。

3. 模具设计原则

在提出模具设计要求时，必须掌握以下原则：

1）能与所要使用的设备可靠配合。

2）结构简单，易于搬运。

3）安装简便，操作方便。

4）根据工件的特点设计冲制方式，能实现连冲的尽量使用连冲方式。

5）冲头等易损件要便于更换。

例如，一种垫块冲模的设计要求如下：

1）垫块示意图如图7-6所示。其所使用材料为绝缘纸板，$H = 7 \sim 20mm$，$t = 1.5 \sim 2mm$。

2）采用连冲方式，排样方法如图7-7所示。

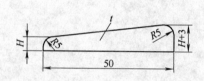

图7-6　垫块示意图

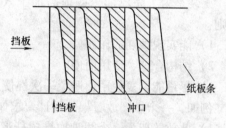

图7-7　排样方法

3）冲床基本参数：

① 公称压力：160kN。

② 行程次数：90 次/min。

③ 最大闭合高度：210mm。

④ 模柄孔尺寸：直径32mm。

4）模座采用标准模座。

5）要求冲口无飞边，圆角与直线交接处无尖棱（纸板条料宽度公差为 ±0.5mm）。

6）垫块要便于从模具上掉下来，避免其堆积在冲口处，影响加工速度。

7）冲头要便于更换。

8）模具出来后，必须经过试冲再正式使用。

9）在模具易观察到的部位打上图号和生产日期作为标记。

第八章　加工与装配

第一节　基础知识

学习目标　线圈、铁心基本知识；绝缘材料的检测。

一、变压器相关知识

1. 铁心

（1）铁心的作用　变压器是利用电磁感应原理制成的静止的电气设备，铁心和线圈是变压器的两大部分。线圈是变压器的电路，铁心是变压器的磁路。当一次线圈接入电压时，铁心中便产生了随之变化的磁通，由于此变压器的磁通同时又交联于二次线圈，根据互感原理，在变压器二次线圈中产生感应电动势，当二次侧为闭合电路时，则会有电流通过。通过电磁感应原理，变压器铁心起到了把一次侧输送来的电能传到二次侧的媒介作用。此外，铁心还是变压器器身的骨架，变压器的线圈套在铁心柱上，引线、导线夹、开关等都固定在铁心的夹件上。另外，变压器内部的所有组件和部件也都是靠铁心固定和支撑的。

（2）铁心的基本结构　铁心本身是一种用来构成磁回路的框形闭合结构，其中套线圈的部分为心柱，不套线圈的部分为铁轭，铁轭同时又有上铁轭、下铁轭和旁轭。现代的变压器铁心，其心柱和铁轭一般均在同一个平面上，对于铁心柱之间或心柱与旁轭间的窗口，一般习惯称之为铁窗。以三相五柱式铁心为例，其各部位名称如图8-1所示。

（3）常用铁心的结构形式

1）单相双柱式铁心，其基本结构如图8-2所示。两个铁心柱上均套有线圈，柱铁与轭铁的铁心叠片以搭接方式叠积而成。此结构铁心为一种典型的铁心结构形式，广泛应用于各种单相变压器中。

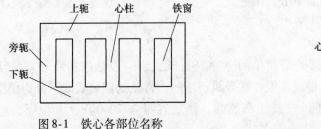

图8-1　铁心各部位名称

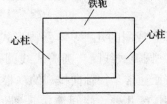

图8-2　单相双柱式铁心

2）单相三柱（或四柱）式铁心，其基本结构分别如图8-3和图8-4所示。此两种铁心形式，其旁轭上有时会套装调压或励磁线圈。其比较适用于高电压大容量的单相电力变压器或大电流变压器中，如250000kV·A/500kV产品。

3）三相三柱式铁心，其基本结构如图8-5所示。此形式铁心的三个铁心柱上均套有线圈，每柱作为一相，分别为A相、B相、C相，一般适用于容量在120000kV·A以下的各种

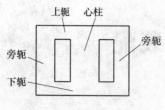

图 8-3 单相三柱式铁心

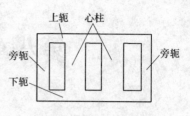

图 8-4 单相四柱式铁心

三相心式变压器。

4）三相五柱式铁心，其基本结构如图 8-5 所示。此种结构形式的铁心主要适用于大容量的三相电力变压器，一般皆为 120000kV·A 以上容量，如 180000kV·A/220kV 产品。

5）三相壳式铁心，此种结构形式的铁心，其心柱与铁轭截面形状皆为矩形。其基本形式如图 8-6 所示。

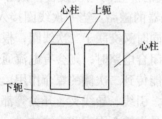

图 8-5 三相三柱式铁心

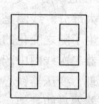

图 8-6 三相壳式铁心

2. 绕组

（1）绕组的基本知识　绕组是变压器的电路部分。接到高压电网的绕组称为高压绕组，接到低压电网的绕组称为低压绕组。高、低压绕组之间的相对位置有同心式和交叠式两种。同心式绕组中，高低压绕组同心地套在铁心柱上，为了便于绕组和铁心绝缘，通常低压绕组靠近铁心。交叠式绕组中，高低压绕组沿铁心柱高度方向交叠地放置，为了减小绝缘距离，通常低压绕组靠近铁轭，这种结构主要用在壳式变压器中。

变压器的高、低压绕组分别由一个或多个线圈构成，线圈是绕组的一个零部件。根据线圈绕制的特点，变压器所用的线圈可分为圆筒式、饼式、连续式、螺旋式、纠结式等几种主要形式。

（2）线圈的几种基本结构形式

1）圆筒式线圈：圆筒式线圈是最简单的一种线圈形式，一般是用圆线和扁线绕制而成，线匝通常是按轴向排列的一根或几根并联导线组成的。常见的圆筒式线圈分为单层、双层和多层等几种。层间连接是通过过渡线实现的。额定容量在 2000kV·A 以下，电压在60kV 以下的变压器通常采用圆筒式线圈。

2）饼式线圈：饼式线圈是由一根或几根并联的绝缘扁线沿铁心柱的径向一匝接一匝地串联而成，数匝成一饼。饼间开设径向油道，通常以两饼作为一个单元一次绕成，中间无接头，叫做双饼式，一般用于壳式变压器中。

3）连续式线圈：连续式线圈是由沿轴向分布的若干连续绕制的线段组成，每个线段又由若干线匝组成，线匝按螺旋方式在幅向方向摆绕起来，其基本形式如图 8-7 所示。连续式

图 8-7　连续式线圈展开图

线圈为了实现段和段的连续性，在段和段之间必须有底部换位和外部换位交替分布。为了导油和散热，段和段间用油隙垫块进行分隔，同时油隙垫块也起到了绝缘作用。通常用油隙撑条把垫块穿起来，也构成了绕组内表面的垂直油道。

4）螺旋式线圈：其基本形式如图 8-8 和图 8-9 所示。螺旋式线圈用于低电压、大电流的绕组结构，其导线为多根扁导线并联。全部并联导线重叠组成一匝线饼，每一匝绕成一个线饼为单螺旋，如图 8-8 所示；每匝由并排的两列导线绕制，每绕一匝形成两个线饼，为双螺旋，如图 8-9 所示；依此类推还可以有三螺旋、四螺旋、八螺旋等。

在螺旋式线圈中，为使各并联导线所在外漏磁场中的长度和位置尽可能相同，必须对导线进行换位。

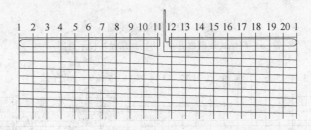

图 8-8　端部拉平螺旋式线圈展开图

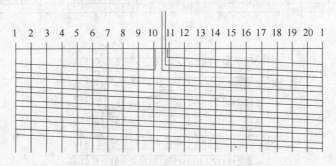

图 8-9　端部采用斜端圈的螺旋式线圈展开图

5）纠结式线圈：其基本形式如图 8-10 所示。纠结式线圈主要用在 220kV 及以上电压等级的变压器高压绕组中，与连续式线圈的不同点在于线匝的分布。连续式线圈的线匝按顺序分布，即 1、2、3、…n；而纠结式线圈的线匝顺序为 1、$(n/2)+1$、2、$(n/2)+2$、3、$(n/2)+3$、…$(n/2)+m$，其中 n 为每对线段的线匝数，m 为线匝顺序号。

6）内屏蔽连续式（插入电容式）线圈：其基本形式如图 8-11 所示。内屏蔽连续式线圈就是在连续式线圈内插入增加电容的屏蔽线而成。

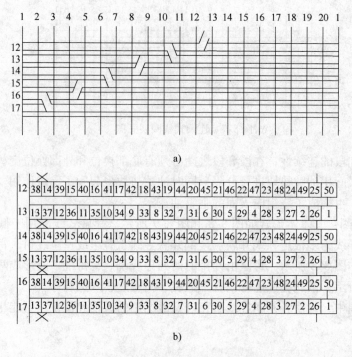

图 8-10 纠结式线圈

a）纠结式线圈展开图　b）纠结及换位示意图

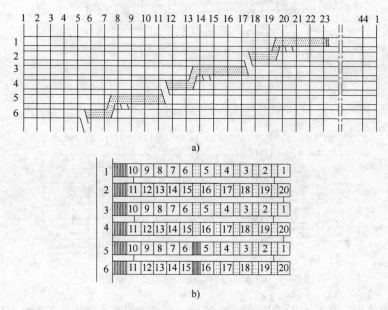

图 8-11 内屏蔽式线圈

a）内屏蔽式线圈展开图　b）屏蔽线匝安插示意图

3. 绝缘

变压器由绕组、引线、分接开关和套管组成导电系统，由铁心形成导磁系统。油浸式变压器的铁心、绕组、分接开关、引线和套管的下部安装在油箱内，完全浸在变压器油中，套

管的上半部安装在油箱的外部,直接与空气接触。油浸式变压器的绝缘可分为如下几类:

(1)外绝缘 在空气中的绝缘为外绝缘。

(2)内绝缘 在油箱中的绝缘为内绝缘。

(3)主绝缘 绕组间、绕组对铁心和油箱等的绝缘为主绝缘,如:围屏、端圈、夹件绝缘等均为主绝缘。

(4)纵绝缘 绕组具有不同电位的不同点和不同部位之间的绝缘为纵绝缘,如:线圈油隙垫块、导线匝绝缘等均为纵绝缘。

二、绝缘材料相关知识

(1)电气强度试验 在大张纸板上切取 $150mm \times 150mm$ 的方形试样数件,在真空度为 $9.3 \times 10^4 Pa$ 和温度为 $104℃ \pm 5℃$ 的条件下干燥4h,然后放在同样真空度下的 $90℃ \pm 5℃$ 的变压器油中浸4h后,用一个直径为50mm、边缘圆角半径为2.5mm的黄铜电极和一平板电极在油中紧贴试样的两面,以2kV/s的速度使电极间的电压稳步升高到标准值而试样不被击穿。

(2)抗拉强度试验 切取 $50mm \times 200mm$ 的条形试样数件,将有自动记数的标准拉力机的两个夹子间的距离调整到100mm,然后把试样均匀地放入夹子内夹紧,缓慢开动拉力机直到把试样拉断为止。按拉断后对记取的数据进行计算,如果计算出的抗拉强度大于标准值则为合格,否则为不合格。抗拉强度按下式计算:

$$\sigma_b = F/A \tag{8-1}$$

式中 σ_b——抗拉强度(Pa);

F——拉断力(N);

A——试样截面积(m^2)。

(3)纸板压缩率试验 把标准试样平放在标准压力机的平台板之间,在 $0.1MPa$ 的压力下,测得此时样件的厚度 H_1,然后开动压力机达到规定压力时,再测定其厚度 H_2,则厚度压缩率 B 按下式进行计算:

$$B = (H_1 - H_2)/H_2 \times 100\% \tag{8-2}$$

(4)纸板收缩率的测定 切取宽 $25 \sim 50mm$,长 $170 \sim 175mm$ 的试样三件,沿长度方向在纸板的两端距边缘 $10 \sim 15mm$ 处用刀划出痕迹并测得两痕迹间的尺寸 L_1,然后将试样放在干燥炉内彻底干燥后,用原测量工具再次测得两痕迹间的尺寸 L_2,最后按下式计算出收缩率 L:

$$L = (L_1 - L_2)/L_1 \times 100\% \tag{8-3}$$

(5)纸板含水率的测定 纸板含水率是指纸板在 $100 \sim 105℃$ 的温度下烘干至恒量时的水分排出量,其计算公式为

$$X = (G_1 - G_2)/G_1 \times 100\% \tag{8-4}$$

式中 X——纸板含水率(%);

G_1——试样烘干前质量(g);

G_2——试样烘干后质量(g)。

(6)纸板灰分的测定 纸板灰分是指纸板被彻底烧化后剩余残渣的质量与恒干时的质

量之比，用百分率表示。切取一块纸板做试样，放在坩埚内小心燃烧使之完全灰化，称其质量，每次称得的质量必须准确到0.0001g，最后按下式进行计算：

$$Y = (G_2 - G)/(G_1 - G_1 \times W) \times 100\% \tag{8-5}$$

式中　Y——纸板灰分率（%）；

　　G_1——试样的质量（g）；

　　G——坩埚的质量（g）；

　　G_2——燃烧后盛有灰分的坩埚的质量（g）；

　　W——试样含水率（%）。

第二节　绝缘件下料

学习目标　掌握单张纸板的下料方法；掌握层压纸板的上胶方法；能对绝缘纸板进行合理套裁。

一、单张纸板的下料

1. 硬纸板筒的下料

常见硬纸板筒如图8-12所示。

（1）工艺分析

1）纸板筒采用纸板进行围制成形，利用的是纸板的塑性变形，此时，为了便于成形和控制直径尺寸，一般选用拉伸强度较大且收缩率较小的一方为圆周方向。对通常的纸板来说，其纵向拉伸强度要大于横向拉伸强度，纵向收缩率要小于横向收缩率。在绝缘纸板国际标准中，以5mm厚纸板为例，其纵向拉伸强度为110MPa，横向拉伸强度为85MPa；纵向收缩率为5‰，横向收缩率为7‰，所以通常选用纸板的纵向为圆周方向。但有时纸筒的直径较大，受纸板幅面尺寸的限制，不得不使用两张纸板，这时，也可取横向为纸板的圆周方向，但注意两张纸板的纤维方向要一致。

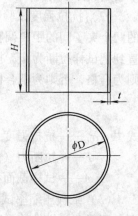

图8-12　硬纸板筒

2）纸板在存放时，因受潮会产生尺寸变化，而纸筒需烘干定形，在烘干过程中，纸筒将挥发水分，产生一定的收缩，且横向和纵向收缩不等，所以在计算下料尺寸时，要根据纸筒的实际情况加上烘干收缩量，一般纵向收缩量取4‰~5‰，横向收缩率取7‰~8‰。

3）纸筒需要搭接成圆，按不同的厚度其搭接长度一般取厚度的20倍。

（2）计算下料尺寸

纸板下料长度　　　　$L = (1 + 5‰) \times \pi \times (D + t)/n + S \tag{8-6}$

纸板下料宽度　　　　　　$W = (1 + 8‰) \times H \tag{8-7}$

式中　D——纸板筒内径（mm）；

　　t——纸板筒厚度（mm）；

　　n——所用纸板张数；

　　H——纸板筒高度（mm）；

　　S——搭接坡口长度（mm）。

（3）计算尺寸 $D/t \times H$ 为 $1500\text{mm}/5\text{mm} \times 1800\text{mm}$ 的纸筒的下料尺寸　假设纸板数量 $n = 1$，则

纸筒所需下料长度为

$$L' = 1.005 \times \pi \times (1500 + 5)\text{mm} + 100\text{mm} = 4849\text{mm}$$

纸筒所需下料宽度为

$$W' = 1.008 \times 1800\text{mm} = 1814\text{mm}$$

因纸板最长为 4200mm，则必须使用两张纸板才能使长度达到 4849mm 的要求，所以取 $n = 2$，则

纸筒下料长度为

$$L = 1.005 \times \pi \times (1500 + 5)\text{mm}/2 + 100\text{mm} = 2475\text{mm}$$

纸筒下料宽度为

$$W = 1.008 \times 1800\text{mm} = 1814\text{mm}$$

（4）下料

1）先识别出纸板的横向和纵向：对纸筒来说，一般按纸板的纵向为圆周方向，即 L 方向取纸板纵向，W 方向取纸板的横向。

2）当纸筒用两张及以上纸板制成时，纸板的纤维方向在一个筒上必须一致，如图 8-13 所示。

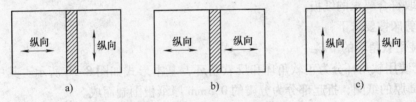

图 8-13　纸板纤维方向的确定

a）错误　b）、c）正确

3）当纸板幅向不够时，也可采用横向作为纸板筒方向，应注意计算方法不同。

4）用跑锯锯切纸板，锯切完后，用砂纸去除飞边。

2. 各种曲线形状的导线夹的下料

常用曲线形状的导线夹的基本形式如图 8-14 所示。

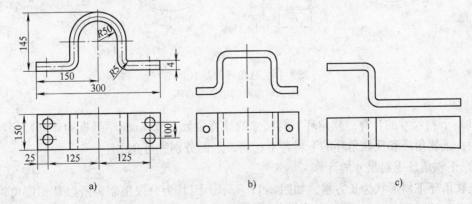

图 8-14　导线夹的基本形式

（1）工艺分析

1）导线夹成形件若为多层纸板压制而成，则各层纸板的下料尺寸均按其中径进行计算，其圆弧半径随纸板厚度的变化而变化。

2）以纸板的纵向为纸板的弯折方向。

3）导线夹成形件较厚时，一般采用多层 2mm 厚纸板刷胶粘接而成。

（2）举例计算　以图 8-14a 为例进行下料尺寸的计算：

此成形件为 4mm 厚，可采用两层 2mm 厚纸板成形后粘接而成，则每一层纸板的中心线示意图如图 8-15 所示。

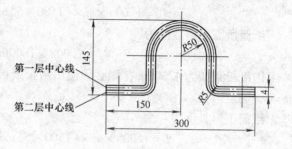

图 8-15　纸板中心线示意图

第一层：$L_1 = 2 \times [(150 - 50 - 4 - 5) + (145 - 50 - 8 - 5)] \text{mm} + \pi \times (50 + 3) \text{mm} + \pi \times (5 + 1) \text{mm} = 531.26 \text{mm}$

第二层：$L_2 = 2 \times [(150 - 50 - 4 - 5) + (145 - 50 - 8 - 5)] \text{mm} + \pi \times (50 + 1) \text{mm} + \pi \times (5 + 3) \text{mm} = 531.26 \text{mm}$

（3）下料　以加工图 8-14a 的成形件为例，下料方法如下：

1）首先辨别纸板纤维的横纵向，使 L 方向为纸板的纵向。

2）选取符合要求的纸板。

3）用剪床按要求下料。

3. 套装用软角环的下料

常见套装用软角环分为正软角环和反软角环，基本形式如图 8-16 所示。其中底圈、顶圈为 1.0mm 厚的纸圈，折起部分为分瓣的 0.5mm 厚纸板围制而成。

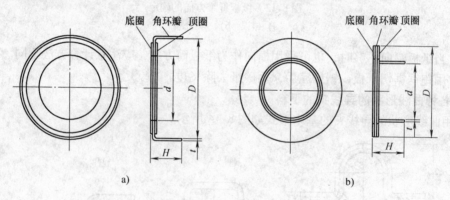

图 8-16　软角环的基本形式

a）反软角环　b）正软角环

（1）下料尺寸的计算　软角环下料尺寸的计算主要是 0.5mm 厚纸板的计算，因加工方式不同，正软角环和反软角环的下料各不相同，下面分别进行介绍：

1）正软角环下料尺寸的计算。

正软角环下料形状为长方料，如图 8-17 所示。因其为分段围制，所以其长度可根据纸板和设备条件而定，每一层纸板的宽度 W 可按下式计算：

$$W = (D - d)/2 + H \tag{8-8}$$

式中　W——纸板下料宽（mm）；

D——角环折边后的外径（mm）；

d——角环筒部的内径（mm）；

H——筒部的高度（mm）。

从第 2 层开始，每层递增 2 ~ 3mm。

2）反软角环下料尺寸的计算。

反软角环 0.5mm 厚纸板的下料尺寸，一般在图样中给出，此时操作者只需根据图样尺寸，在不给出下料尺寸的情况下，可根据如下方法进行确定：

首先确定其下料形状为一扇形板状，如图 8-18 所示。扇形板的内外径分别如下：

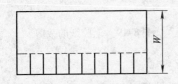

图 8-17　正软角环下料形状

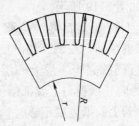

图 8-18　反软角环下料形状

$$r = d/2$$

$$R = (D - d)/2 + H$$

从第二层开始，每层递增 2 ~ 3mm。

（2）下料　用圆剪加工顶圈和底圈，正软角环用 0.5mm 厚纸板料用剪床剪切，反软角环用 0.5mm 厚纸板料用带锯按划好的线锯切。

二、层压纸板的制作

1. 用双面上胶纸压制层压纸板

（1）使用范围　属于以下情况之一的可以用双面上胶纸压制层压纸板。

1）端圈、铁轭绝缘、夹件绝缘、铁心油道、框间油道等在纸板上粘垫块的工件。

2）器身及套装用撑条，线圈用外撑条、辅助撑条，组合筒的撑条等类绝缘件。

3）导线夹类绝缘件。

4）零部件尺寸较大且加工部位较少的绝缘件。

5）其他有特殊要求可用上胶纸压制的绝缘件。

（2）计算纸板叠放张数 N

$$N = T \times (1 + K)/(t + n \times 0.12) \tag{8-9}$$

式中　T——图样要求层压纸板厚度；

K——厚度压缩率，一般按 10% 取值；

t——所用单张纸板厚度；

n——当所制作部件为上述1）和2）类零部件时，$n=1$；当工件为其他类型时，$n=2$。

（3）下料　用跑锯或剪床进行下料，每边留出 30～40mm 余量。

（4）码纸

1）准备好平整垫板，要求比工件宽 150～500mm，比工件长 20～50mm。垫板下部用木杠垫平，以利于搬运。在垫板上部平铺一张电缆纸，再放上一张纸板。

2）将上胶纸卷中间穿一根钢棍，放在三角支架上，上胶纸卷可在三角支架上转动。

3）拉动上胶纸，使上胶纸卷展开，铺到平台上面的纸板上，用钢直尺压住上胶纸需断开部位，用刀子比着钢直尺将上胶纸裁剪下来，如图 8-19 所示。

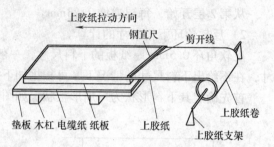

图 8-19　上胶纸的裁剪

4）上胶纸上面再铺一张纸板，然后按3）要求继续铺上胶纸，如此反复操作，直至全部纸板码放完毕，最上一层应为纸板。叠放时，为防止纸板与上胶纸错位，可点涂酚醛树脂固定。

5）若上胶纸宽度不够时，可用两张上胶纸对接，对接缝应不大于 5mm，相邻层的对接缝错开 50mm 以上。

6）若 $n=2$，则每两张纸板间必须铺两层上胶纸。

2. 使用酚醛树脂胶制作层压纸板

（1）使用范围　圆环类绝缘件和不允许用上胶纸制作的绝缘件均采用涂刷酚醛树脂胶的方式。

（2）计算纸板叠放张数 N

$$N = T \times (1+K)/t$$

（3）下料　用跑锯或剪床下出方料，每边留余量 60～70mm，再用圆剪划出圆环，内外径各留出 30～40mm 余量。

（4）调胶　用比重计测量胶液密度，使密度为 0.995～1.005g/cm³，密度过高时用酒精稀释。

（5）刷胶晾置

1）层压端圈、静电环骨架等小径向圆环类层压件的制作。

将每张纸板单面刷胶（最上面一张不刷胶），叠放晾制 4～7 天，然后入炉压制。

2）拖板、压板等大径向圆环类层压件的制作。

将每张纸板单面刷胶（最上面一张不刷胶），放在晾置架上分片晾制 24h 左右，使胶面干燥，然后将刷好胶的纸板叠放整齐，入炉压制。

三、绝缘纸板的套裁

为了增加利用边角余料，提高材料利用率，在对绝缘件进行下料时，必须考虑对原材料进行合理套裁，其基本原则如下：

1）除以下部件可以使用整张纸板下料外，其余部件应尽量使用边角余料。

① 硬纸筒、组合筒、斜端圈。

② 屏蔽板用纸板。

③ 软纸筒、围屏、旁轭围屏等。

④ 压板、拖板、垫板。

⑤ 无法套裁的端圈、静电环骨架。

⑥ 无法套裁的端圈、软角环用纸圈。

⑦ 根据图样实际情况，必须采用整张纸板下料的某些特殊部件。

2）下整料时余下的条料进行如下处理：

① 厚度为 1mm 的条料用于加工线圈用角环、换位纸片、绝缘垫板或压制层压纸板等。

② 厚度为 1.5mm 或 2mm 的条料用于加工线圈油隙垫块或压制成层压纸板制作直撑条、垫块、导线夹等。

③ 厚度为 3mm 的条料用于压制层压纸板。

④ 厚度为 4.0mm、5.0mm、6.0mm、8.0mm 厚度的条料，较长的用于撑条，其余小料用于加工垫块。

3）加工压板、拖板、垫板等圆环类件时：

① 划圈时产生的四个纸板角用于压制层压纸板。

② 余下的圆盘套裁加工纸圈、端圈、静电环骨架等。

③ 圆环料用于加工扇形板、扇形垫块等。

④ 存放时间过长的圆盘用于压制层压纸板。

第三节　绝缘件加工

学习目标　硬纸板筒、酚醛纸管及简单成形件的制作；普通机加工类绝缘件的制作。

一、硬纸板筒的制作

硬纸板筒主要用在绕组中，提高绕组的机械强度，提高抗短路能力。常见硬纸板筒一般由 3mm、4mm、5mm、6mm 纸板围制而成，其基本形状如图 8-12 所示。

1. 工艺分析

1）纸板筒的制作需要经过下料、铣坡口、调湿、成形、干燥定形、粘坡口、修整等工序。

2）在纸板筒的加工中，其直径的控制是加工的难点。这是因为纸板受潮造成尺寸涨大，受潮程度不同，尺寸涨大幅度不同，而烘干时又将产生不定量的尺寸收缩，所以，在下料时很难保证所下料尺寸在烘干后正好为要求尺寸。所以在直径要求不太严格时，可以采用先粘坡口后烘干的加工工艺，而在直径要求较严格时，要先烘干再粘坡口。

3）纸板筒的成形也是加工的重点，对于一般纸筒，可以采用滚圆机滚圆的方式成形，对于某些直径较小或厚度较厚的硬纸筒，很难用滚圆的方式成形，这时需要采用胎具成形。

4）因纸板特有的吸水性，在纸板筒加工完毕，必须用塑料袋封存保证干燥。目前，有的厂家采用对纸板筒喷洒变压器油的方式防止其受潮，这也是一个非常行之有效的办法。

2. 准备工作

（1）使用设备　铣斜边机、滚圆机、烘干炉、粘合机、起重机。

（2）使用工具　胎具、紧包器、电刨子、钢卷尺、π 尺、直角尺、毛刷、胶桶、小刀、木锤子、塑料喷壶。

（3）材料　下好料的绝缘纸板、聚乙烯醇粘合剂、蒸馏水。

3. 铣坡口

坡口基本形状如图 8-20 所示，图中尺寸 b 一般为 0.5～1.0mm。

（1）坡口机的调整　根据加工纸筒的要求进行坡口机的调整，铣坡口机的基本结构如图 8-21 所示。

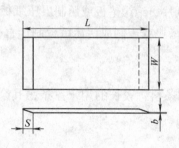

图 8-20　坡口基本形状

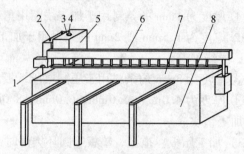

图 8-21　铣坡口机的基本结构

1—刀具　2—角度调整螺栓　3—压紧螺栓　4—丝杠
5—走刀架　6—压梁　7—工作台　8—机身

1）铣刀量的调整。松开压紧螺栓 3，用扳手转动丝杠 4 可提起或降低铣刀，从而使铣刀吃刀量减小或增大，调整好以后，重新拧紧压紧螺栓 3。一般保证铣出的纸板斜坡剩余部分 b 为 0.5～1.0mm 即可。

2）铣刀角度的调整。用扳手转动角度调整螺栓 2，两个调整螺栓的角度即为刀具的角度。因纸板斜坡一般为厚度的 15～20 倍，所以，铣刀角度一般定为 2°～3°，以保证工艺要求的 S 和 b 为准。

（2）坡口的铣制

1）检查设备无异常后，接通电源和气源，按下走刀架按钮和铣刀按钮，空载试运行 1min。

2）松开压紧装置，将纸板放在工作台上，以靠近铣刀侧台面为基准，将纸板找正，然后压紧。

3）不开动铣刀，将走刀架起动按钮按下，使走刀架移动到纸板的一侧。

4）按下铣刀起动按钮，随后使走刀架沿纸板方向移动，铣纸板坡口，注意在长度方向留 30～50mm，已防纸板打角，然后用小刀加工出剩余部分的斜坡。

5）铣完一侧后，先将纸板翻转过来，再铣另一侧的坡口。

（3）铣坡口时的注意事项

1）坡口机应由两人同时操作，一人站在控制台前，另一人站在尾部，观察吃刀情况。

2）在纸板的尾部很容易啃刀，所以要留一部分手工加工，这时要有一名操作者及时通知另一名操作者停车或在走刀的轨道上加定位挡块。

3）在铣坡口过程中，由于纸板较厚，可分几次进刀，以确保质量。

4）纸板上的斜面是相对的两个面上的坡口，铣坡口时不要铣在一个面上。

5）在连续铣几张纸板时，只有这几张纸板相对铣刀处于同一位置上加工结果才是一致的，所以在加工时要注意纸板的放置位置。

4. 成形

纸板筒的成形有两种方法，将纸板调湿后用滚圆机滚圆或直接用胎具成形。

（1）使用滚圆机滚圆成形

1）计算用水量：

$$W_1 = G \times (13\% - K) \tag{8-10}$$

式中　W_1——使用滚圆机定形时每张纸板用水量（kg）；

　　　G——每张纸板质量（kg）；

　　　K——纸板原有的含水率，夏季 6、7、8 月份取 6%，其余时间取 4%。

2）调湿：选一块干净的平面，铺上一块比纸板每边至少大 500mm 的塑料布，将纸板放在平面上，用塑料喷壶盛上计算出的喷水用量，在纸板上均匀喷洒（粘接面处的喷水量略少于内部），喷完一面后，将纸板翻过来，再喷另一面。然后对第 2 张、第 3 张等纸板喷水，全部喷完后，用塑料布将纸板整个盖住，边缘处多余的塑料布压在底层塑料布之下。放置 12h 以上，使水均匀被吸收后再滚圆，注意所用水必须为蒸馏水。

3）滚圆：

①滚圆机的调整。一般滚圆机为三辊结构，在使用过程中，只调整上辊和下面两个辊之间的间隙，小型滚圆机的间隙是通过滚圆机架两端的调节手柄来调节的，大型滚圆机一般是电动调节。

②滚圆。接通滚圆机电源，提升上压辊至能够入料为止，将调湿好的纸板送入滚圆机中，同时保证纸板的侧边与辊子轴线垂直。适当降低上压辊高度，开动滚圆机把纸板滚成一直径较大的圆弧，停机，再适当降低上压辊的高度反向滚圆，这样来回反复进行，使纸板的圆弧直径逐步由大变小直至两端能合拢为止。然后，将两端重叠在一起来回滚圆 4～5 次，最后升起上压辊将滚好的纸板从一侧取出。

4）注意事项：

①滚圆前要根据纸板的厚度及纸板筒直径的大小选择滚圆机以及是否要滚圆。一般加工 4mm 及以下厚度的纸板筒时，在小型滚圆机上就可解决，当纸板筒直径大于 1000mm 时，可不进行滚圆直接粘合，厚度为 5mm 或以上的纸板筒及大直径纸筒必须在大型滚圆机上进行。

②在滚圆时一定要将纸板放正，否则容易开裂。

③三个辊之间的间隙，要依据纸板的厚度进行调节，不可太小，以防止纸板开裂。

④滚圆时一般要逐渐使纸板成形，不要一次到位。

（2）使用胎具成形

1）计算用水量：

$$W_2 = G \times (10\% - K) \tag{8-11}$$

式中　W_2——使用胎具定形时每张纸板用水量（kg）；

　　　G——每张纸板质量（kg）；

　　　K——纸板原有的含水率，夏季 6、7、8 月份取 6%，其余时间取 4%。

2）调湿：在纸板向其弯曲的一面喷蒸馏水，放置 0.5h 以上即可在胎具上定形。当纸筒直径大于 1000mm 时，可不进行调湿，直接定形。

3）成形：选一个与纸板筒直径相近的胎具，在其上先裹一张 4～6mm 厚的纸板（此纸板可反复使用），在起重机下面选一块平整的场地，铺上塑料布或卷缠纸，先放好绑紧器，再将调湿好的纸板放在上面，然后用起重机将裹好纸板的绕线模吊到纸板上，操作者在绕线模两侧用力将纸板附到绕线模上，同时用绑紧器绑紧，并用木锤子不断敲打，还可在粘接面处添加撑条、垫块等。

5. 定形烘干

成形后的纸板筒需入烘干炉中进行定形烘干，烘干温度 110~120℃，时间 8~24h。

6. 坡口的粘接

1）把定形后的纸筒放在干净的地方（在纸筒的下面可放一块塑料布或垫一张纸），用 π 尺沿纸板筒圆周测量直径，定出粘接边缘线。上、中、下各一点，然后用钢直尺划线。

2）用胶盒取适量的聚乙烯醇胶液或电工耐热乳白胶，用毛刷在划线范围内均匀地刷胶，胶面不易过大。

3）打开粘合机的上下压板，将纸筒送入粘合机，使其坡口位置在粘合机压板上，调节纸板位置，使其边缘在划好线的位置上。

4）在冷粘合机上，一般要冷压 4~6h，在热粘合机上压 0.5h 左右即可取出。

7. 修整

1）纸板筒尺寸合格以后，就要对纸板筒进行精加工处理，用刀子、电刨子、酒精消除表面的污迹、端部飞边、溢出的粘合剂等，确保纸板筒的清洁。

2）要求加工孔及开口的纸板筒用电刨子、曲线锯加工。

3）加工完毕后将纸板筒装入塑料袋中封装保存。

8. 质量分析

1）纸板筒搭接处厚度超差。纸板筒搭接处厚度超差主要是由于纸板铣斜坡时，坡口尺寸不合格或斜坡不均匀造成的，避免出现此种缺点的方法是确保坡口质量。

2）纸板筒直径超差。纸板筒直径超差主要分为两种情况，即正超差或负超差。产生这种情况的主观原因是操作者划线错误，客观原因是由于纸板本身吸潮性能影响，若纸板筒在干燥不彻底时进行坡口粘接，当纸筒再次受热时继续收缩将会造成直径缩小；若纸筒粘接坡口后受潮则直径会变大。避免这种现象的措施是将纸筒彻底干燥，粘接好坡口后进行防潮保存，如装入塑料袋或浸油等，或者在使用前对纸筒进行二次干燥。

3）纸板筒有大小头。纸板筒粘合后有大小头，这主要是由划线尺寸不准确或纸板垂直度有误差造成的。

4）纸板筒不圆。纸板筒不圆主要是由于胎具尺寸不合适或热压机压板弧度不合适造成的。

5）纸板筒起层开裂。纸板筒起层开裂的主要原因是纸板调湿不均匀或纸板滚圆时间隙调整不当造成的。

二、酚醛纸管的卷制

酚醛纸筒是变压器常用的绝缘件，容量在 6300kV·A 及以下的配电变压器绕组直接绕在酚醛纸筒上，既作为绕组的骨架又是主绝缘。在 110kV 以上的大型变压器中，引线护筒和分接开关护筒也采用酚醛纸筒，在特种变压器中，采用酚醛纸筒就更多了。

1. 工艺分析

1）酚醛纸管的卷制需经过卷管、烘焙等工序。

2）酚醛纸管的卷制需要在卷管机上进行。

3）酚醛纸管加工的重点是烘焙时间和温度的控制。

2. 准备工作

（1）设备　卷管机、脱管机、烘干炉、起重机、切管机。

（2）工具　塞尺、表面温度计、钢卷尺、管芯子、铜铲、小刀。

（3）主要材料　上胶纸的尺寸要根据图样进行下料，所下料的纸应是成卷的，下料的酚醛纸管两端留量各30mm（下料尺寸可综合考虑套裁锯口等留量）。

（4）辅助材料　芯子纸和黄油。芯子纸宽度应大于下料后的上胶纸宽度，其长度约为管周长的1.5倍。

3. 卷管

（1）卷管机的调整　卷管机的基本结构如图8-22所示。

1）两加热辊之间距离的调整。两加热辊的轴头座位于导轨上，两轴头座通过一正反丝杠连在一起，在丝杠的一端有一蜗杆机构，可通过蜗轮螺杆机构的手轮调整卷管机两加热辊之间的距离，一般两加热辊之间的距离为管直径的1/3。

2）上胶纸拉紧力的调整。在卷管机上，有一整套上胶纸拉紧力调整装置，它是通过使上胶纸来回绕多少道辊来实现调整的。若上胶纸不通过任何一个辊而直接卷制，此时，上胶纸受到拉力很小，一般上胶纸都至少要经过2道辊后才进入卷管辊。有时为了增大上胶纸的拉力，还要在缠绕上胶纸的辊上靠压一块重物，以增大上胶纸转动时的摩擦力。

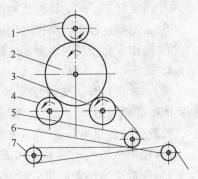

图8-22　卷管机的基本结构
1—压料辊　2—卷管辊　3、4—加热辊
5、6、7—拉紧辊

（2）卷管机的清洁　在卷制纸筒之前，首先用铜铲子除去加热辊上的残胶及附着物，然后涂上一层离形剂，要用棉纱将管芯子清理干净。

（3）卷管机的预热　检查卷管机一切正常以后，接通电源，按下加热辊加热按钮，给加热辊加热。一般这个过程要提前进行，并开动机器以使温度均匀。

（4）卷制

1）取剪裁好的上胶纸，安装在卷管机的放料架上，并将上胶纸安装好使之处于待工作状态。用表面温度计检测加热辊温度，前加热辊温度保持在170～190℃；后加热辊温度保持在120～130℃，然后准备绕制。

2）调整两加热辊的间距，使它们之间的距离为所卷制管直径的1/3。

3）用起重机将选好的管芯子吊装到正在运转的卷管机加热辊上，吊装芯子时要防止管芯子将加热辊碰伤。

4）取芯子纸并在其一端涂以10～15mm宽的黄油带（或局部点涂），使芯子纸对正管芯子插入，卷在芯子上。

5）降下压料辊，将上胶纸对正管芯子，并左右错动使上胶纸拉平，见芯子纸自由端转过来之后，插入上胶纸开始卷制。

6）卷制开始时观察上胶纸的融化情况及粘接情况，发现异常要及时调整上胶纸的拉紧力及上胶纸的进给速度（一般为 2～7m/s），确保胶的融化，使挥发物充分挥发，粘接良好。

7）在卷制过程中，如发现有皱纹和卷不紧的地方可用小刀沿稍倾斜方向将上胶纸割破，并用小刀压平卷入。在管芯子上割破时割口深度不得超过 3～4 层。另外，不断调整上胶纸以保持上胶纸的插入方向（由于管芯子大小头的原因，上胶纸在进纸时会慢慢地产生倾斜）。

8）用塞尺测量所卷制酚醛纸管的壁厚，当塞尺刚好通过时则割断上胶纸（加热辊要运转），提升压料辊，将管芯子吊起放在平车上（管芯子两头垫起使纸管悬空）。

9）卷制过程中的注意事项：

① 加热辊的温度必须符合要求，误差为 0～+15℃。

② 在卷制过程中管芯子在卷管机上不得停止转动。

③ 刚刚卷制完的酚醛纸管不能直接放在平台上，必须使管芯子两端垫起，纸管悬空。

④ 吊装管芯子时不得碰伤加热辊和压料辊。

⑤ 在卷制过程中，操作者应戴上口罩，防止吸入挥发物损害身体。

⑥ 操作者必须及时清理加热辊上的残胶。

4. 烘干

（1）准备工作　准备好入烘干炉平车，将已卷制完的酚醛纸管放到平车上，固定好，如图 8-23 所示，放置时注意以下几点：

1）酚醛纸管间距不小于 10mm。

2）在放置多层酚醛纸管时，上、下层要用木条隔开，且木条只能压住管芯子，不能压酚醛纸管。

3）为防止酚醛纸管局部过热，酚醛纸管距热源不得小于 300mm。

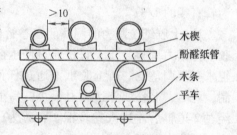

图 8-23　酚醛纸管的摆放

（2）入炉　首先调整炉温使之在 60℃ 以下，随后将装好酚醛纸管的小平车推入炉内，关闭炉门进行烘焙，烘焙时间见表 8-1。在烘焙过程中不得打开炉门，若打开炉门，时间不得超过 15min，并且每开一次炉门必须加烘 30min。

表 8-1　酚醛纸管的烘焙

酚醛纸管壁厚/ mm	预热炉温/℃	烘焙炉温/℃	
<3		8h	
3.0～7	3h 内均匀升至 125～135	10h	135～145
7.0～15		15h	
>15		20h	

（3）降温出炉　按规定的时间烘干结束以后，关闭加热开关，使炉逐渐降温到 80℃ 以下再出炉。

5. 脱管

从卷制到烘焙的整个过程中，酚醛纸管始终和管芯子在一起，要想拿到酚醛纸管必须进行脱管操作。脱管机的基本结构如图8-24所示。

（1）脱管操作　脱管以前首先选择好漏料板，并放置于脱管机台架上。将穿好拉杆的管芯子放置在后托架上（管芯子的大头在前），调节托料架手轮（前后）使管芯子位置平整，并使脱管机拉钩和拉杆差不多在一条直线上，将脱管机拉钩挂在拉杆上，起动机床使脱管机架向前移动，慢慢将酚醛纸管脱下，用起重机把管芯子从料架上吊走，把酚醛纸管放到指定的地方。

（2）脱管时的注意事项

1）脱管时酚醛纸管的温度必须在60℃以下。

2）脱管时要注意管芯子的大小头，要先脱大头后脱小头，以免造成酚醛纸管毁坏或设备损坏。

3）脱管时，前后托料架一定要调整好，防止脱裂纸管或拉坏拉钩等事故发生。

6. 锯切

1）首先检查酚醛纸管是否有起泡、起层等现象，检查合格后方可加工。

2）检查切管机设备是否正常，并按设备要求进行维护和保养，接通电源起动锯床各部位，观察是否正常，一切正常方可使用。

3）调整切管机两个托料辊之间的距离，使之在三个辊压住酚醛纸管锯切时组成等边三角形，并将上压辊升起，如图8-25所示。

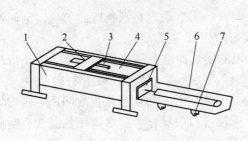

图8-24　脱管机的基本结构

1—机身　2—脱管拉架　3—拉钩　4—前托架
5—漏料板　6—后托架　7—托料架手轮

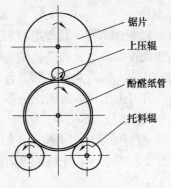

图8-25　酚醛纸管的锯切示意图

4）把酚醛纸管毛料送入托料辊之间，使纸管超出锯片30mm左右（以锯片后端平整不起层为准）。

5）降下机头使上压料辊压住酚醛纸管。

6）合上电源，使夹辊旋转，带动酚醛纸管转动。

7）进一步下降机头，使压料辊挤压酚醛纸管，圆锯片切入酚醛纸管，并逐渐增大吃刀量，直至切透为止（一般要根据设备的承受能力吃刀，对于较厚的酚醛纸管可分几次进刀）。锯平这一端以后，使锯片停止转动，并提升压料辊，检查这个端面的质量情况是否整齐，厚度是否符合图样要求。否则要再锯切一次，检查合格后掉转方向。

8）用钢卷尺确定纸管位置，从锯片到已加工端面的距离为纸管要求长度处锯下（在锯第二个端面时要根据设备等情况掌握好尺寸）。

9）锯切完毕后切断电源，清理好设备及工作现场。

锯切过程中的注意事项如下：

1）注意检查酚醛纸管的长度和端面偏斜公差。

2）在锯切过程中一定要使压料辊压住酚醛纸管，防止走刀。

三、曲线形状导线夹的制作

曲线形状导线夹是大型变压器中的重要部件，它能够满足强电场的需要，基本形式如图 8-14 所示。

1. 工艺分析

1）此种导线夹的加工过程包括下料、调湿、成形、烘干、钻孔等。

2）加工难点是掌握正确的调湿、成形方法，保证成形之后的零件质量（不起层、粘接良好、厚度均匀等）。

3）这种导线夹要用模具成形，为了防止压装困难，模具中的圆角要大一些。

2. 准备

（1）设备　钻床。

（2）工具　扳手、钢卷尺、卡尺、毛刷、塑料盆、模具。

（3）材料　下好料的纸板。

3. 制作

（1）纸板的调湿　用塑料盆取一定量的蒸馏水，用毛刷刷在纸板弯曲部位，两侧同时调湿，使纸板内外表面调湿程度基本一致（弯折时以不开裂为准）。

（2）压装　将准备好的模具清理干净，常用的模具通常包括内模和外模，主要采用焊接模具，有时为了减少费用，也可以使用酚醛布板、层压木等制作，以图 8-14 为例，其模具基本形状如图 8-26 所示。将 M16 的螺栓穿在底模上，并在每两层纸板之间用毛刷均匀地刷上 PVA 胶，随后压上上模，把螺母拧紧，在压装过程中操作者要尽量使各层纸板摆放整齐，放置上模时要小心平稳，以防错位，并观察圆角处是否粘合。

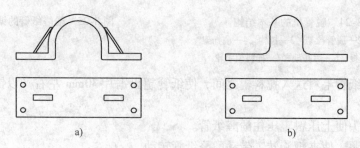

图 8-26　压装模具

a）上模　b）下模

（3）烘干　压装完成后，将压装好的模具送入烘干炉，炉温为 80 ~ 100℃，时间为 4 ~ 8h。

（4）卸模取出导线夹。

（5）按图样要求打孔、截取相应长度，并用小刀消除飞边。

四、成形角环的制作

角环分为正角环和反角环，主要用在线圈端部和线圈的线段之间。

用在线圈端部的角环通常有软角环和成形角环两种，主要作用是增大电场爬距，对于软角环的制作已经在前面进行了介绍。对成形角环来说，其厚度一般为3mm，而不同产品所用角环的直径很难相同，因此为了减少模具规格，通常将角环制作成1mm厚的分段角环，然后装配时搭接成圆。对于这种角环，因其尺寸较大，利用纸板的伸展性很难达到要求，所以一般采用纸浆进行制作。对于这种利用纸浆制作的角环，因其打浆、抄纸等的工艺自成系统，一般的变压器生产厂家不自己制作，均由成形绝缘件专业厂家制作。

用在线段之间的角环通常只有两种放置方式，正角环放在线段内侧，主要用途是改善电场；反角环放在线段外侧，主要用途是导油。角环的厚度一般只有1mm，横边和立边均较小，通常立边为一个线饼的高度，而横边为5~30mm，且分段制作、搭接放置。对于这种尺寸较小的正角环，可以利用纸板的伸展性使用角环机进行制作，这在中级工中已经进行介绍，而其余角环，一般采用将纸板调湿后利用模具成形的方式，下面主要介绍利用模具制作角环的方法。

角环如图8-27所示。

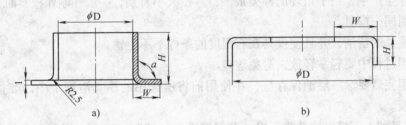

图 8-27　角环

a）正角环　b）反角环

1. 工艺分析

1）加工成形绝缘件时，要进行调湿处理，以减少材料本身的内应力，便于成形。

2）要利用模具进行成形。

3）加工成形件时要有定形处理过程。

2. 准备

（1）设备　烘干炉、剪床。

（2）工模具　角环模具、扳手、卡尺、毛刷、水盆、塑料袋等。

（3）材料　纸板、蒸馏水。

3. 制作

（1）下料　根据图样要求的角环尺寸H、B计算出纸板条料的宽度为W（以角环的高度H和径向B尺寸之和为条料的宽度尺寸）和长度尺寸（以模具的长度为基准，一般按1000mm计算），另外在材料的准备方面要根据材料和模具的情况决定下料的形状，有时候下成弧形料，更容易加工成形。

确定好下料尺寸以后，在剪床上进行下料，在下料时纸板条的长度公差可以大一些。

（2）调湿纸板 将剪切好的纸板料用蒸馏水或酒精调湿，纸板用水要均匀。调湿方法可以将纸板料在蒸馏水或酒精中浸 20～30min，也可以用毛刷在弯折部位涂刷蒸馏水或酒精，调湿时间要满足纸板含水量内外一致，弯折时保证纸板纤维不断裂。

（3）进行压装

1）模具的准备，图 8-28 所示为常用的正、反角环模具。

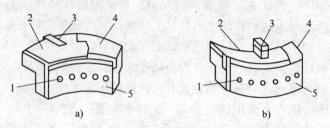

图 8-28 角环模具

a）正角环模具 b）反角环模具

1—紧固螺栓 2—上盖板 3—C 形卡子 4—模体 5—侧压板

模具保养及选用时的注意事项如下：

①在实际生产中，由于角环的种类很多，直径大小有别，一般在制作模具时，按一定的直径范围使用同一模具。

②保持模具的清洁，并且使模具在有湿度的条件下不生锈。

③在使用过程中要轻拿轻放，避免磕碰。

④模具用完后要涂一层油保存好，在使用前将所选用的模具清理干净，准备好 C 形卡子和尺寸靠板。

2）把模具的上下模彻底清理干净，并根据模具的情况，垫上一层耐高温的薄膜，以防在干燥过程中产生的杂质渗透到纸板里。

3）松开侧压板螺栓（不要取下，以可以自由放入两层纸板条料为准），从一侧逐渐放入两层纸板条料（两层纸板要对齐）。

4）以角环的幅向尺寸 W 为基准尺寸制作尺寸靠板，放置于模具的模体上，用纸板条料和它找齐，边找齐边紧固侧面的螺栓。

5）侧面夹紧后，用手将立边向模具的上面弯折，在弯折立边的同时要使其平整。在弯折过程中，一定要使纸板与模具结合好，立边弯折以后，取出上压板放置在其上面，用 C 形卡子将上压板与模体卡在一起，模具装完。

（4）烘干

1）打开烘干炉门，拉出平车将装完角环的模具放在平车上，待所有模具全部装好，放在平车后推入炉内，关闭炉门进行烘干，温度在 70～100℃，时间为 2～3h。

2）烘干结束后，拉出平车，待模具降温后卸去 C 形卡子，从模具上缓慢取下角环，检查角环质量。

4. 角环加工中的注意事项

1）模具必须保持清洁，以防在烘干时有金属渗透物进入纸板，一般模具上要进行电镀处理或涂刷一层耐高温的绝缘漆或垫一层耐高温的薄膜。

2）在加工过程中根据角环的使用情况，通常 H 值取负公差。

五、普通机加工类绝缘件的制作

绝大多数的层压纸板件都需要经过机加工进行制作，因所使用的主要设备不同，一般将其分为如下两类：

（1）层压垫块类　层压垫块类绝缘件主要包括铁心台阶垫块、器身垫块、导线夹等，其主要加工内容及所用设备如下：

1）下料：推台锯或带锯。

2）加工基准面：牛头刨、卧铣。

3）加工台阶：牛头刨、立铣、卧铣。

4）加工槽口：立铣、卧铣。

5）打孔：立钻。

（2）圆环类　圆环类绝缘件主要包括层压端圈、静电环骨架、压板、托板等，其主要加工内容及所用设备如下：

1）加工外圆：立车。

2）加工平面：立车。

3）加工导油槽：立车。

4）加工内圆：立车。

5）加工导油孔：摇臂钻。

6）加工槽口、大孔、台阶等：镗床。

下面以几种典型的绝缘件为例进行详细的介绍，因机加工设备的操作均有相关的岗位培训教材，所以在此主要介绍工艺流程及简单的加工知识。

1. 层压垫块类绝缘件的制作

以图 8-29 所示的垫块为例。

（1）工艺分析

1）加工时需要首先选定工件基准面，对如图 8-29 所示的垫块来说，选定未开台阶的底面和上端面为基准面。

2）加工此垫块的基本工艺流程为：加工平面、加工台阶、划线、打孔和处理等。

（2）准备工作

1）设备：牛头刨或卧铣、立钻。

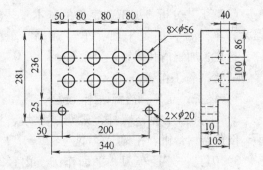

图 8-29　垫块

2）工具：台钳、扳手、小刀、砂纸。

3）刀具：刨刀或铣刀、$\phi56$mm 和 $\phi20$mm 钻头。

4）材料：带锯加工的尺寸为 105mm×281mm×340mm 的层压纸板料。

（3）制作

1）将工件用机用虎钳卡在机床工作台上，上好刨刀，加工平面至要求厚度，然后以 340mm 宽边为基准，在距离 236mm 处加工台阶（用牛头刨加工）。

2）在工件上划出孔中心线，用样冲冲出小孔。

3）在立钻上分别安装 $\phi56mm$ 和 $\phi20mm$ 钻头，加工圆孔。

4）用小刀和砂纸清除孔周围的飞边。

2. 端圈的制作

以图 8-30 所示的端圈为例。

（1）工艺分析　加工此工件的基本工艺流程为：加工外圆、加工平面、加工内圆。

（2）准备工作

1）设备：立车。

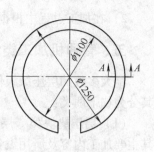

图 8-30　端圈

2）工具：压板、螺杆、螺母、压块、扳手。

3）刀具：外径车刀、平面车刀、内径车刀。

4）材料：内外径各有 30～40mm 余量的圆环料。

（3）加工

1）将工件按要求固定在工作台上。

2）安装好外径车刀，起动设备，将工件外径车至 1250mm。参考切削用量如下：转速 25r/min，吃刀量 0.27mm/r，进给量 0.49mm/r。注意距要求尺寸还有 2～3mm 加工量时，要每加工一圈停车检查尺寸一次，防止尺寸超差。

3）安装好平面车刀，加工工件厚度至 30mm，切削用量同 2）。

4）安装好内径车刀，加工工件内径为 1100mm，切削用量同 2）。

5）卸下工件，用砂纸将棱角飞边打磨光滑。

6）将端圈用带锯锯出开口，并将棱边打磨光滑。

（4）注意事项　换刀必须停车才能进行。

3. 普通压板、托板等的制作

以如图 8-31 所示的拖板为例。

（1）工艺分析　加工此工件的基本工艺流程为：车外径、加工平面、车导油槽、车内径、打孔、加工槽和修整。

（2）准备工作

1）设备：立车、摇臂钻床、镗床。

2）工具：压板、螺杆、螺母、压块、扳手、倒角器、台钳、托架、样冲。

3）刀具：外径车刀、平面车刀、内径车刀、$\phi10mm$ 槽刀、$\phi10mm$ 钻头、镗刀、$R5$ 倒角刀。

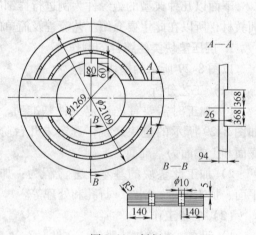

图 8-31　托板

4）材料：内外径各有 30～40mm 余量的圆环料。

（3）加工

1）将工件按要求固定在立车工作台上。

2）安装好外径车刀，起动设备，将工件外径加工至 2109mm。参考切削用量如下：转速 25r/min，吃刀量 0.27mm/r，进给量 0.49mm/r。注意距要求尺寸还有 2～3mm 加工量时，要每加工一圈停车检查尺寸一次，防止尺寸超差。

3）安装好平面车刀，加工工件厚度至 94mm，切削用量同 2）。

4）安装好 $\phi 10mm$ 槽刀，转速 25 r/min，吃刀量 0.27mm/r，加工出 $\phi 10mm$ 导油槽。

5）安装好内径车刀，加工工件内径为 1269mm，切削用量同 2）。

6）卸下工件。将工件用起重机吊至摇臂钻加工区域，放在托架上。

7）按图要求在工件上划出孔中心线，用样冲冲出小孔。

8）安装好 $\phi 10mm$ 钻头，开动摇臂钻，旋动摇臂，逐个打孔。

9）将工件用起重机吊到镗床上方，立着放置，下端用机用虎钳卡紧，安装好镗刀，加工 60mm×80mm 出线槽。参考切削用量如下：转速 315r/min，进给量 0.07mm/r，吃刀量 10mm/ r。

10）将工件平放在镗床工作台上，加工 2mm×368mm 宽的槽。参考切削用量同 9）。

11）将工件卸下，在倒角器上安装好 R5mm 圆弧刀进行倒角，用砂带机将平面打磨光滑。

第四节　绝缘件装配

学习目标　常见绝缘件，如软角环、屏蔽板等的装配。

一、软角环的制作

角环放在线圈端部，起到增加线圈端部到铁轭、线圈端部到线圈端部的爬电距离的作用。

常用的角环根据加工方法的不同也可分为成形角环和软角环。对于成形角环在绝缘件的加工中已经进行了介绍，下面主要介绍软角环的制作。

1. 正软角环的制作

正软角环如图 8-16b 所示。

（1）工艺分析

1）正软角环分为顶圈、底圈和 0.5mm 厚分瓣纸板三部分，需要分部做好后再组装。

2）0.5mm 厚分瓣纸板需要将不分瓣部分加工成筒状，再将分瓣部分弯折，因此需要使用胎具。

（2）设备工具准备

1）设备：圆剪、剪床、带锯。

2）工具：手电钻、扳手、模具、钢卷尺、钢直尺、红蓝铅笔、木锤子。

3）材料：纸板、棉绳、砂纸、布带。

（3）制作

1）按要求进行算料、下料。

2）将剪切好的 0.5mm 厚纸板捆成捆，用红蓝铅笔在最上面一张划出开口位置线，如图 8-17 所示，其中瓣宽一般为 60～100mm，按划好的线用带锯锯出开口，用砂纸打磨光滑。

3）将角环胎具按图样要求调节好尺寸，并用扳手将紧固螺栓固定好。常用模具如图 8-32 所示。模具的内胎是可以调节的，它是一条中间带槽的长形薄钢板，这条薄钢板两头搭接后形成圆，在槽内将搭接头用螺栓进行固定，通过调节搭接的多少，组成不同直径的软角环内胎。

4）首先绕第一层的纸板，纸板与纸板间必须采用搭接方式，搭接处至少要搭接 1.5 个瓣宽，然后用布带将其缠在胎具上；然后绕制第二、三层等，纸板与纸板间可以对接，但对接缝不得大于 1mm，依此类推；最后一层同第一层一样要进行搭接。注意各层条料的对接缝要相互错开，相邻对接缝最少错开两个分瓣的距离，第一层与第二层重合时应剪掉一部分，每层的分瓣开口要错开 1/2 左右。

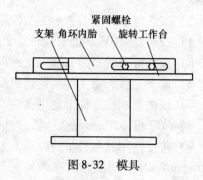

图 8-32　模具

5）0.5mm 纸板绕制好后，将顶圈套在圆筒上，用手一瓣一瓣地逐层向外弯折，在弯折过程中要边弯折边用木锤子垫着纸轻敲打瓣的根部，但注意不得撕裂根部的纸板，如纸板太硬不易弯折，在弯折处涂刷蒸馏水进行调湿。

6）0.5mm 纸板弯折后，将底圈放在弯折好的角环下方，使顶圈和底圈对齐，然后用手电钻在距边缘 10mm 处打 ϕ3mm 圆孔，用线绳绑扎，角环加工完毕。

2. 反软角环的制作

反软角环如图 8-16a 所示。

（1）工艺分析

1）反软角环同正软角环一样，分为顶圈、底圈和 0.5mm 厚分瓣纸板三部分，同样需要分部做好后再组装。

2）0.5mm 厚分瓣纸板可加工成多件扇形板，直接进行弯折。

（2）准备工作

1）设备：圆剪、带锯、剪床。

2）工具：钢卷尺、钢直尺、红蓝铅笔、手电钻、木锤子。

3）材料：纸板、棉绳、砂纸。

（3）制作

1）按要求进行算料、下料。

2）将剪切好的 0.5mm 厚纸板捆成捆，用红蓝铅笔在最上面一张划出开口位置线，如图 8-18 所示，按划好的线用带锯锯出开口，用砂纸打磨光滑。

3）把底圈平铺在平台上，扇形片沿内径对齐，逐层平铺在底圈上，每一层要在角环瓣开口根部涂刷蒸馏水，按图样逐层放好。放置过程中，同层相邻的扇形片搭接在内径侧不少于 30mm，相邻两层的开口缝不得重合，要错开角环瓣宽度的 1/2 以上。

4）将顶、底圈放在角环瓣上，内径对齐，在距内径侧 8～20mm 处用手电钻打 ϕ3mm 圆孔，然后用细棉绳绑扎。

5）将角环瓣从里面逐层向内弯折。

3. 制作软角环时的注意事项

1）第一层和最后一层的纸板接头要搭接一个瓣以上，中间纸板对接，各层间纸板接缝要错开。

2）各层的瓣要错开 1/2 个瓣，确保爬电距离。

3）瓣的宽窄要适宜，不要太宽或太窄。

4) 弯折时要防止在其弯折处纸板开裂。

5) 角环上的缝一定要错开，如果缝都集中在一处，角环就会失去作用而在接缝上爬电，同一处的接缝越多那么角环的有效厚度就越小。

二、铁轭绝缘的制作

铁轭绝缘是指在线圈的端部绝缘以外与铁轭之间的绝缘，一般由纸圈和垫块组成，如图8-33所示。其相间的纸板是组合在一起的，可以拆开，层与层之间的接缝要错开20mm以上。

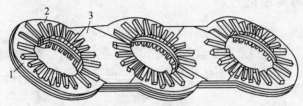

图 8-33　铁轭绝缘

1—纸圈　2—垫块　3—连板

1. 工艺分析

1) 铁轭绝缘为组合件，操作者拿到图样以后，首先要加工铁轭绝缘所用的零部件，其中包括纸圈（含补环）、垫块、纸板等。

2) 铁轭绝缘的加工难点是划线，其中包括纸圈的等分，确定拉带、导油孔、补环等的位置线。

3) 在组装铁轭绝缘时，相与相之间的连接，层与层之间的组合也是加工的难点。

4) 由于铁轭绝缘中包括多种垫块，形状复杂，有部分垫块要由操作者自己根据情况配制。

5) 加工铁轭绝缘用的纸圈、垫块等绝缘件检查合格后方可粘接，以防粘好后再返工。

2. 准备工作

(1) 工模具　钢直尺、钢卷尺、红蓝铅笔、小刀、曲线锯、划线模板、铁压块、样冲。

(2) 材料　纸圈、垫块、纸板。

3. 划线

1) 划纸圈等分线。

2) 确定导油、方孔位置线。

3) 划出垫块拉齐位置线。

4) 根据图样要求确定补环位置。

4. 加工开口、方孔、圆孔及剪切纸圈

1) 用曲线锯加工开口、方孔及圆孔等。

2) 操作者根据纸圈的形状对纸圈进行剪切，在剪切纸圈时可用曲线锯、剪床等。

5. 组装

1) 按图样要求粘接好垫块。

2) 按图样要求对所有零件进行组装，发现问题及时修理或向有关部门反馈。

6. 注意事项

1）划线要准确。

2）对纸圈、垫块等一定要在组装前清除尖角、飞边。

3）在粘合垫块时，用重物进行冷压，要保证垫块分布均匀。这是因为变压器线圈是由上下夹件，通过铁轭绝缘来夹紧的。铁轭绝缘的垫块分布不均匀，可能使线圈的撑条和线饼间垫块对不正铁轭绝缘的垫块，会影响线圈的抗短路力强度，容易毁坏线圈，所以铁轭绝缘的垫块要分布均匀。

三、线圈垫块总高度的控制

因纸板公差等原因，线圈垫块按图样要求的油隙尺寸进行穿配后，经过线圈压装后，很难保证线圈压装后的总高达到公差要求，这时，通常会在垫块穿配时进行总高度控制。

1）首先计算出要求达到的撑条垫块总高度，一般按下式进行计算：

$$H = KH_0$$

式中　H——垫块计算总高度（mm）；

　　　K——工艺系数；

　　　H_0——图样给定的垫块总高（mm）。

其中，工艺系数 K 受很多因素的影响，如总高度测量方法，图样给定的垫块压缩量，导线绝缘厚度，纸板的压缩系数，纸板的材质和含水量等。因而目前各厂家采用的 K 值各不相同。

2）按图样要求穿配好一根撑条，测量其总高度 H_1。

3）检测实际总高度 H_1 与计算总高度 H 之间的差异是否符合公差要求，当实测总高度超差时，需要加减垫块进行调整。调整原则如下：

① 撤垫块：一般需经过设计人员对计算单进行核算。

② 加垫块：从两端开始向内部连续对称加垫块。

4）其余撑条的穿配按此根撑条调整方法进行穿配。

第九章　检　测

第一节　尺　寸　检　测

学习目标　硬纸板筒、屏蔽板等零部件的尺寸检测。

（一）硬纸板筒

1. 直径偏差

1）外径偏差：$-1 \sim +2$mm；

2）同一纸板筒在不同高度上外径最大互差见表9-1。

表9-1　纸板筒外径最大互差（一）　　　　（单位：mm）

高度	$h < 1000$	$h \geqslant 1000$
外径最大互差	< 1.5	< 2

3）用钢卷尺测量两端面的外径，同一端面外径最大互差见表9-2。

表9-2　纸板筒外径最大互差（二）　　　　（单位：mm）

外径	$\leqslant 500$	$501 \sim 800$	$801 \sim 1200$	> 1200
最大互差	$\leqslant 15$	$\leqslant 20$	$\leqslant 25$	$\leqslant 30$

2. 高度偏差（见表9-3）

表9-3　纸板筒高度偏差　　　　（单位：mm）

高度	$h \leqslant 1500$	$h > 1500$
允许偏差	$0 \sim +5$	$+2 \sim +8$

（二）酚醛纸管

1. 直径偏差（见表9-4）

表9-4　酚醛纸管直径偏差　　　　（单位：mm）

标称直径	$\phi10 \sim \phi30$	$\phi31 \sim \phi200$	$\phi201 \sim \phi500$	$\phi500$ 以上
偏差	$-0.3 \sim +0.3$	$-0.5 \sim +0.5$	$-0.7 \sim +0.7$	$-1.0 \sim +1.0$

2. 长度及厚度偏差（见表9-5）

表9-5　酚醛纸管长度及厚度偏差　（单位：mm）

长度	偏差	厚度	偏差
500 以下	−1 ~ +1	2.0 以下	−0.4 ~ +0.4
		2.0 ~ 4.0	−0.5 ~ +0.5
500 以上	−2 ~ +2	4.0 ~ 7.0	−0.7 ~ +0.7
		7.0 以上	−1.0 ~ +1.0

（三）软角环

（1）顶圈和底圈尺寸偏差　内径：0 ~ +3mm，外径：−1 ~ +3mm。

（2）角环高度 h 允许偏差　0 ~ +10mm。

（3）角环内径 ϕ 允许偏差　0 ~ +5mm。

（四）线圈垫块穿配总高度

1）垫块计算总高度偏差：−2% ~ +1.5%。

2）单线圈内撑条垫块总高度互差小于或等于1%（各撑条穿配方法不同的线圈除外），同台异相同种线圈垫块总高度互差小于或等于1.5%。

第二节　外　观　检　测

学习目标　硬纸板筒、屏蔽板等零部件的外观检测。

（一）硬纸板筒的外观检测

（1）外观

1）表面无污迹。

2）无明显硬伤造成的凹凸不平。

3）搭接处均匀圆滑过渡。

（2）搭接处厚度允许偏差　−0.5 ~ +2mm。

（3）局部凹凸不平　取一张0.5mm或1mm厚纸板作为样板，宽度按表9-6进行加工，然后将样板围在纸板筒凹凸不平处（样板宽度方向为纸筒直径方向），测量纸筒外径与样板之间间隙最大值即为凹凸最大值，凹凸允许最大值见表9-6。

表9-6　硬纸板筒局部凹凸的检查　（单位：mm）

外径 / 类别 取值	≤500	501 ~ 800	801 ~ 1200	>1200
凹凸最大值	4	5	6	8
样板宽度	200	250	300	350

（二）酚醛纸管

酚醛纸管表面要清洁、光亮、无污物、不得有起楞、起皱、鼓泡等现象，且漆膜要均匀，颜色一致。

（三）软角环

软角环边缘应无飞边，弯折处无折裂现象，根部无撕裂。

附录 模拟试卷及答案

初级工模拟试卷
试题部分

一、选择题（将正确答案的序号填入括号内）

1. 一台产品的型号规格为 SFFZ – 40000/220，其中 40000 表示产品的（　　）。

A. 额定电流　　　　B. 额定容量　　　　C. 电压等级　　　　D. 额定频率

2. 一台产品的型号规格为 SFPSZ – 180000/220，其中 220 表示产品的（　　）。

A. 额定电流　　　　B. 额定容量　　　　C. 电压等级　　　　D. 额定频率

3. 在 SFPSZ – 180000/220 中，180000 的单位为（　　）。

A. Ω　　　　　　　B. kV·A　　　　　　C. A　　　　　　　D. kV

4. 在 ODFPSZ – 250000/500 中，500 的单位为（　　）。

A. Ω　　　　　　　B. kVA　　　　　　　C. A　　　　　　　D. kV

5. 在图样中，符号 φ 通常表示（　　）。

A. 直径　　　　　　B. 半径　　　　　　C. 厚度　　　　　　D. 宽度

6. 常用的国产绝缘纸板的牌号为（　　）。

A. HPB　　　　　　B. RPB　　　　　　C. DLZ　　　　　　D. 100/00

7. （　　）不属于工艺文件的范畴。

A. 工艺守则　　　　B. 作业指导书　　　C. 工件图样　　　　D. 质量控制卡

8. 常用的 JN23 – 16T 型冲床的公称压力为（　　）t。

A. 23　　　　　　　B. 16　　　　　　　C. 10　　　　　　　D. 6.3

9. 下面绝缘件（　　）无法用冲床加工。

A. 扇形板　　　　　B. 垫圈　　　　　　C. 纸板筒　　　　　D. 槽垫

10. 常用 Q11 – 3×1800mm 型剪床的最大剪切厚度为（　　）mm。

A. 11　　　　　　　B. 30　　　　　　　C. 3　　　　　　　D. 5

11. 直角尺通常用来检测工件的（　　）。

A. 宽度　　　　　　B. 角度　　　　　　C. 厚度　　　　　　D. 垂直度

12. 测量纸板筒等工件的外径尺寸应使用（　　）。

A. 钢卷尺　　　　　B. π尺　　　　　　C. 卡尺　　　　　　D. 角尺

13. 给冶炼供电用的变压器为（　　）变压器

A. 整流　　　　　　B. 电抗器　　　　　C. 电力　　　　　　D. 电炉

14. 电解或化工用的变压器为（　　）变压器。

A. 整流　　　　　　B. 电抗器　　　　　C. 电力　　　　　　D. 电炉

15. 供试验用的变压器为（　　）变压器。

A. 整流　　　　　　B. 试验　　　　　　C. 电力　　　　　　D. 电炉

16. 油浸式变压器的主要绝缘材料为（　　）。

A. 有机硅玻璃布板　B. 纸板　　　　　　C. 电缆纸　　　　　D. 木材

17. 干式变压器的冷却介质为（　　）。

A. 硅胶　　　　　　B. 空气　　　　　　C. 油　　　　　　　D. 水

18. 油浸式变压器的冷却介质为（　　）。

A. 水　　　　　　　B. 变压器油　　　　C. 酒精　　　　　　D. 油漆

19. 制作折弯件时，必须用（　　）进行调湿。

A. 蒸馏水　　　　　B. 自来水　　　　　C. 矿泉水　　　　　D. PVA 胶

20. 在绝缘件上划线时，必须使用（　　）。

A. 碳素笔　　　　　B. 铅笔　　　　　　C. 红蓝铅笔　　　　D. 钢笔

21. 所有绝缘件的加工表面不得有（　　）现象。

A. 炭化　　　　　　B. 粗糙　　　　　　C. 清洁　　　　　　D. 倒角

22. 绝缘件上的尖角会引起尖角放电，造成（　　）性能的降低。

A. 电气　　　　　　B. 机械　　　　　　C. 耐热　　　　　　D. 理化

23. 自来水中含有杂质和金属离子，若用其调湿绝缘纸板，会造成（　　）性能的降低。

A. 电气　　　　　　B. 机械　　　　　　C. 耐热　　　　　　D. 理化

24. 变压器绝缘件常用的干燥剂为（　　）。

A. 石蜡　　　　　　B. 炭　　　　　　　C. 干冰　　　　　　D. 硅胶

25. 硅胶的作用是（　　）。

A. 粘接绝缘件　　　　　　　　　　　B. 保持绝缘件清洁

C. 防止绝缘件受潮　　　　　　　　　D. 保证绝缘件压力

26. 下面（　　）为热固性粘合剂。

A. 聚醋酸乙烯脂　　B. PVA　　　　　　C. 阿拉伯胶　　　　D. 酚醛树脂

27. 酚醛树脂胶的溶剂为（　　）。

A. 水　　　　　　　B. 变压器油　　　　C. 酒精　　　　　　D. 油漆

28. 酚醛树脂胶需在（　　）℃左右的温度下，经受一定的压力才可固化。

A. 80　　　　　　　B. 100　　　　　　　C. 180　　　　　　　D. 120

29. 下面（　　）不是划线工具。

A. 卡尺　　　　　　B. 划针　　　　　　C. 样冲　　　　　　D. 划规

30. 数控加工中心加工工件时，通常采用（　　）进行工件定位。

A. 台钳　　　　　　B. 压板　　　　　　C. 真空吸附　　　　D. C 形卡子

31. 聚乙烯醇粘合剂的固化温度是（　　）。

A. 80℃　　　　　　B. 120℃　　　　　　C. 140℃　　　　　　D. 常温

32. 聚乙烯醇的溶剂为（　　）。

A. 水　　　　　　　B. 变压器油　　　　C. 酒精　　　　　　D. 油漆

33. 下面不属于绝缘胶的是（　　）。

A. 耐热电工乳白胶　B. 导电胶　　　　　C. 聚乙烯醇　　　　D. 酚醛树脂胶

34. 刷聚乙烯醇粘接绝缘件时，胶道不允许为（　　　）。

A. 平行胶道　　　　B. "U" 形胶道　　　　C. 圆形交道　　　　D. "X" 形胶道

35. 浸渍绝缘件时，酚醛树脂胶的体积质量一般在（　　　）g/cm³。

A. 0.775 ~ 0.885　　B. 0.885 ~ 0.995　　C. 0.995 ~ 1.005　　D. 1.15 ~ 1.25

二、判断题（对画 "√"，错画 "×"）

1. 在 SFZ - 31500/110 型产品中，31500 表示产品的电压等级。　　　　　　　　（　　　）

2. 在 SFZ - 31500/110 型产品中，31500 表示产品的额定容量。　　　　　　　　（　　　）

3. 在变压器中，常用的主要绝缘材料为绝缘纸板、层压木、色木以及铝箔皱纹纸。

（　　　）

4. 国产绝缘纸板的牌号为 100/00。　　　　　　　　　　　　　　　　　　　　（　　　）

5. 图样中，长度尺寸标注（20 ± 0.1）mm 表示在宽度为 19.9 ~ 20.1mm。　　　（　　　）

6. 图样中，尺寸标注 4 × φ14 通常表示 4 个直径为 14mm 的孔。　　　　　　　（　　　）

7. 制订工艺文件的目的是实现产品加工的过程控制和质量控制，达到产品加工过程和质量的可追溯性。　　　　　　　　　　　　　　　　　　　　　　　　　　　　　　（　　　）

8. JN23 - 6.3 型冲床的公称压力为 23T。　　　　　　　　　　　　　　　　　　（　　　）

9. 尺寸为 2mm × 1300mm × 1000mm 的纸板可用 Q11 - 3 × 1200 型剪床下料。　（　　　）

10. 尺寸为 5mm × 1100mm × 1000mm 的纸板可用 Q11 - 3 × 1200 型剪床下料。（　　　）

11. 因带锯锯切面粗糙，一般不用其锯切成品垫块。　　　　　　　　　　　　　（　　　）

12. 卷管机主要用于硬纸板筒的滚圆成形。　　　　　　　　　　　　　　　　　（　　　）

13. π 尺主要用于测量硬纸板筒、线圈等的外径。　　　　　　　　　　　　　　（　　　）

14. 油浸式变压器的冷却介质为矿物油。　　　　　　　　　　　　　　　　　　（　　　）

15. 氮气为气体变压器的冷却介质。　　　　　　　　　　　　　　　　　　　　（　　　）

16. 按铁心结构分类，可将变压器分为心式和壳式两种。　　　　　　　　　　　（　　　）

17. 变压器主要在输配电系统上使用，主要作用是将电压升高或降低，以便满足用户的需要。　　　　　　　　　　　　　　　　　　　　　　　　　　　　　　　　　　　　（　　　）

18. 在电能输送过程中，需要通过电力变压器将电压降低，以便降低电路中的电能损耗。　　　　　　　　　　　　　　　　　　　　　　　　　　　　　　　　　　　　　　（　　　）

19. 在电能输送到用户端后，需要通过电力变压器将电压降低，以便满足用户的需要。

（　　　）

20. 电阻率为 $10^5 ~ 10^{22}\Omega \cdot cm$ 的物质所构成的材料在电工技术上称为绝缘材料。

（　　　）

21. 绝缘材料对交流电流有非常大的阻力，由于它的电阻很高，在交流电压作用下，除了有极微小的表面泄漏电流外，实际上几乎是不导电的。　　　　　　　　　　　　（　　　）

22. 绝缘材料对直流电流有电容电流通过，一般认为是不导电的。　　　　　　　（　　　）

23. 绝缘材料的电阻率越大，其绝缘性能就越好。　　　　　　　　　　　　　　（　　　）

24. 在电压的作用下，电流能很好地通过的材料叫做导电材料。　　　　　　　　（　　　）

25. 绝缘材料在变压器中用以将导电部分彼此之间和导电部分对地（零电位）之间的绝缘隔离。　　　　　　　　　　　　　　　　　　　　　　　　　　　　　　　　　　　（　　　）

26. 通常情况下，常温常压下的气体一般均有良好的绝缘性能。　　　　　　　　（　　　）

27. 绝缘件表面不清洁，含有灰尘和杂质时，在变压器运行中，将会引起游离和表面爬电，从而破坏绝缘强度。（　）

28. 不能用钢笔、圆珠笔、碳素笔等在纸板上乱写乱画，只能使用铅笔或划针进行标记。（　）

29. 绝缘件上的尖角会引起游离和表面爬电，降低电气性能。（　）

30. 在绝缘件加工过程中，可以使用矿泉水进行调湿。（　）

31. 一般绝缘件存放时，可用塑料袋封装保存并放入固体干燥剂进行除湿。（　）

32. 聚乙烯醇是一种红棕色液体，有刺激性气味。（　）

33. 酚醛树脂胶需要在120℃左右的温度下，经受一定的时间和压力才可固化。（　）

34. 没有特殊要求时，制作静电环骨架应优先采用铺双面上胶纸的方式。（　）

35. 用锉刀打磨冲制出的油隙垫块的飞边时，去毛方向应与纸板的纤维方向相反。（　）

36. 绝缘件装配时常用的冷粘胶为聚乙烯醇和酚醛树脂。（　）

37. 酚醛纸管预烘时，必须缓慢升温，一般以小于30℃/h的速度进行，避免升温太快形成气泡。（　）

38. 在绝缘件制作过程中，要认真实行"三按三检"，其中"三按"为按工艺规程加工、按图样操作、按质量标准检查。（　）

三、作图题

1. 请画出制作垫块用连续式冲模的排样图。垫块形状如下图所示。

2. 请画出几种正确的胶道形状（不少于三种）。

四、简答题

1. 请简单介绍工艺文件的含义。

2. 请简单介绍加工如下图所示扇形板所需的设备及其工作内容。

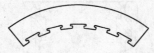

3. 电力变压器的主要作用是什么？

4. 绝缘材料的定义。

5. 半导体材料的定义。

6. 导电材料的定义。

7. 简单介绍几种油浸式变压器常用的绝缘材料并说明主要用途（不少于5种）。

8. 为什么要保持绝缘件的清洁？

9. 为什么要消除绝缘件上的尖角飞边？

10. 在绝缘件的加工中，为什么不允许使用自来水，而必须使用蒸馏水？

11. 为什么不允许用铅笔、圆珠笔等在绝缘件表面划线，而必须使用红蓝铅笔？

12. 如何保持绝缘件的清洁？

13. 为什么要认真对绝缘件进行保存，保存的具体要求有哪些？

14. 绝缘件运输的基本要求有哪些？

15. 如何根据绝缘件的形状进行存放，防止变形？

16. 为了保证划线准确，对划规有哪些要求？

17. 使用划规时的注意事项有哪些？

18. 常用的划线工具有哪些？使用时应注意什么问题？

19. 绝缘件质量检验的定义？

20. 简单介绍 4～5 种常用的量具并介绍基本用途。

21. 简单介绍什么是"三按三检"？

答 案 部 分

一、选择题

1. B　　2. C　　3. B　　4. D　　5. A　　6. D　　7. C　　8. B　　9. C

10. C　　11. D　　12. B　　13. D　　14. A　　15. B　　16. B　　17. B　　18. B

19. A　　20. C　　21. A　　22. A　　23. A　　24. D　　25. C　　26. D　　27. C

28. D　　29. A　　30. C　　31. D　　32. A　　33. B　　34. C　　35. C

二、判断题

1. ×　　2. √　　3. ×　　4. √　　5. √　　6. √　　7. √　　8. ×　　9. ×

10. ×　　11. √　　12. ×　　13. √　　14. ×　　15. ×　　16. √　　17. ×　　18. ×

19. √　　20. ×　　21. √　　22. √　　23. √　　24. √　　25. √　　26. ×　　27. √

28. ×　　29. ×　　30. ×　　31. √　　32. ×　　33. √　　34. ×　　35. ×　　36. ×

37. √　　38. ×

三、作图题

1.

解　排样图如下：

2.

解　正确胶道形状如下：

四、简答题

1. 答：工艺文件是由工艺部门制订的，用以指导现场操作、加工和检查的文件，主要包括工艺守则、作业指导书、操作记录卡、质量控制卡等，其目的是实现产品加工的过程控制和质量控制，达到产品加工过程和质量的可追溯性。

2. 答：1）圆剪：划出扇形板的内外径。

2）剪床：剪切出弧长。

3）冲床：冲制出燕尾槽口。

3. 答：电力变压器的主要作用是变换电压，以利于电能的传输。电压经升压变压器升压后，可以减少线路损耗，提高送电经济性，达到远距离送电的目的；电压经降压变压器降压后，获得各种用电设备的所需电压，以满足用户使用的需要。

4. 答：电阻率为 $10^9 \sim 10^{22} \Omega \cdot cm$ 的物质所构成的材料在电工技术上称为绝缘材料，又称为电介质。

5. 答：介于绝缘材料和导电材料之间的材料，称为半导体材料。

6. 答：在电压的作用下，电流能很好地通过的材料叫做导电材料。

7. 答：（1）绝缘纸板　绝缘纸板在油浸式变压器中的应用非常广泛，其常做的绝缘件主要包括：线圈撑条和油隙垫块、角环、端绝缘、纸筒、围屏、压板、托板、各种导线夹及器身垫块等。

（2）色木　色木主要用于制作夹持导线用的导线夹、铁心用圆木棍等。

（3）层压木　层压木的应用越来越广泛，目前在 220kV 及以下产品中已经很大程度上代替了层压纸板，如铁心台阶垫块、导线夹、压板、托板等均采用大量的层压木；在 500kV 以上产品中也采用部分层压木，主要用于制作铁心台阶垫块等。

（4）电缆纸　在变压器绝缘件制作中，常常采用大量的层压纸板，层压纸板由单张纸板经上胶加压粘合而成。这时将电缆纸经过上胶制成上胶纸用于压制层压纸板；此外，电缆纸常用于包扎静电环绝缘层。

（5）皱纹纸　皱纹纸主要用于各种绝缘的包扎，如静电环绝缘层的包扎，线圈出头的包扎等。

（6）各种布带　目前常用的布带包括白布带、涤纶丝带、高网络收缩带等多种，主要用于绝缘包扎和固定，如包扎静电环时最外层用涤纶丝带包扎；制作组合纸板筒时用收缩带打孔绑扎纸筒等。

（7）变压器油　在油浸式变压器中，变压器油充满油箱，起到绝缘和冷却的双重作用。

8. 答：保持绝缘件的清洁，在绝缘件的生产中是至关重要的。如果绝缘件表面不清洁，含有灰尘和杂质，在变压器运行时尘埃溶于油中，将会引起游离和表面爬电，从而破坏了绝缘强度，易产生不良后果。

9. 答：绝缘件上的飞边，在变压器运行中容易脱落，在电场作用下，沿电力线排列起来，形成通电小桥而缩短爬电距离。绝缘件上的尖角可引起尖角放电。

10. 答：这是因为自来水中含有很多杂质和金属离子，这些物质在调湿过程中将粘在纸板上进而影响绝缘件的电气性能。

11. 答：在绝缘件上划线必须使用红蓝铅笔，不允许使用炭素笔、圆珠笔、钢笔等，这是因为这些笔的笔芯为导体或半导体，划在绝缘件表面时形成表面通路，造成放电，所以必须严禁在绝缘件上使用。

12. 答：保持绝缘件的清洁是绝缘工重要的工作内容，在工作中，应做到如下几点：

1）使用的工具、卡具、模具及转运、储存工具、工装要保持清洁无污物。

2）对绝缘材料、成品、半成品要进行覆盖，以防灰尘及杂质的侵入。

3）不能用普通铅笔、钢笔、圆珠笔、炭素笔等在纸板上乱写乱划，只能使用红蓝铅笔或划针进行标记。

4）禁止绝缘件和金属件混合加工，专用设备上禁止加工金属件。

13. 答：1）纸板绝缘件属于纤维结构，它有一定的吸水性和收缩性，当材料本身含水量大且不均匀时，因为局部收缩快慢不等易产生变形。此外，绝缘件机械强度相对较低而其体积又往往很大，容易受压变形。同时，绝缘材料的表面又容易附着灰尘而不易清除。所以，无论是在绝缘件的生产过程还是存放过程中，都要考虑避免其受潮、变形和污染。

2）具体要求如下：

① 绝缘原材料、半成品及成品件存放时，应下垫上盖，防止受潮污染。

② 绝缘件在存放过程中，要避免受潮，防止尺寸吸潮变大，造成变形。一般绝缘件可用塑料袋封装保存并放入硅胶进行除湿。

③ 要根据不同绝缘件的特点合理存放绝缘件，避免局部受力产生变形。

14. 答：因绝缘件易吸潮，本身的机械强度相对较低而其体积又往往较大，在运输过程中易造成变形，绝缘材料的表面又容易附着灰尘而不易清除，因此，在运输中，要做到如下几点：

1）各种运输工具和车辆入库前，必须进行清洁处理，除掉灰尘和锈迹。

2）运输工具和车辆必须保证所运输的工件无变形或损伤。

3）装卸中要轻拿轻放，不得摔打磕碰掉在地上。

4）绝缘件在转出车间时，必须下垫上盖，不得露天转运。尽量不在雨天转运，非转运不可时，必须用塑料布盖严。

5）怕压的工件要装在上面，每次运输量不要过多，跟车运输的人不要坐在工件上。

15. 答：1）普通平板类绝缘件如围屏、软纸筒、屏蔽板等必需平放。

2）弯折类绝缘件要绑扎好，独立存放，严禁挤压。

3）对于长条类绝缘件要进行绑扎，防止变形，如直撑条等。

4）对于成形绝缘件，如成形导线夹等，在放置中应用模具撑好，防止变形。

5）对圆筒类绝缘件，如硬纸板筒、酚醛纸筒等必须立放，防止受压变形。

6）圆环类绝缘件必须平放，防止受压和立放，避免局部变形。

7）某些特殊形状的绝缘件，如软角环等必须单独放置，防止受压变形。

16. 答：1）划规的两脚要等长，脚尖能靠紧，这样才能划出小圆。

2）两脚开合的松紧要适宜，以免划线时自动张缩。

3）脚尖要锐利，这样不仅划出的线清楚，而且能避免滑移。

17. 答：1）在钢直尺上量取尺寸必须重复几次，以免产生量度误差。

2）作圆时应将压力加在中心脚上。

18. 答：划线使用的工具叫做划线工具，划线工具主要有：划针、划规（圆规）、样冲等。

（1）划针 划针是一根直径 3～5mm、长 200～300mm 的钢针，其尖端经加工后淬火硬化，用于在工件表面划线。划针尖端是否锐利与划线质量有很大关系。钝了的划针，一般要用油石或砂轮磨锐后再使用。

（2）划规（圆规）　划规的用途是等分线段、作角度和作圆等。使用时应注意的问题同第16和第17题的答案。

（3）样冲　在划圆或钻孔前，其中心要打上样冲眼，打样冲眼所用的工具叫做样冲。样冲用工具钢制成，并经淬火硬化。

19. 答：绝缘件质量检验就是借助于某种手段或方法检测绝缘件，根据检测结果同规定的质量标准相比较，确定哪些是合格品，哪些经过返修可用，哪些是废品，对重要工序的检验需认真进行记录。

20. 答：（1）钢直尺　可以直接测量工件尺寸的大小，因其可测量尺寸受其大小的限制，通常只测量1m以下的工件的直线尺寸，此外，钢直尺主要用于划线使用。

（2）钢卷尺　通常用于测量大型工件的直线尺寸。

（3）直角尺　主要用于测量工件的垂直度。

（4）游标卡尺　主要用来测量精度要求较高的尺寸。

（5）π尺　主要用于测量硬纸板筒等圆筒形工件的外径。

21. 答：（1）三按　为按图样加工、按工艺规程操作、按质量标准检查。

（2）三检　为自检、互检、专检。

中级工模拟试卷
试题部分

一、选择题（将正确答案的序号填入括号内）

1. 变压器的基本工作原理为（　　）。

A. 楞次定律　　　　B. 电磁感应原理　　　　C. 牛顿定律　　　　D. 相对论

2. 变压器是以（　　）为媒介进行工作的。

A. 磁场　　　　B. 电场　　　　C. 空气　　　　D. 变压器油

3. 铁心在变压器中构成一个闭合的（　　），又是安装绕组的骨架。

A. 电路　　　　B. 绕组　　　　C. 磁路　　　　D. 电阻

4. 变压器绕组构成变压器的（　　），与外界电网相连。

A. 电路　　　　B. 绕组　　　　C. 磁路　　　　D. 电阻

5. SFS－31500/110 是（　　）变压器。

A. 干式　　　　B. 矿用　　　　C. 电力　　　　D. 整流

6. YDJ－100/150 是（　　）变压器。

A. 铅线　　　　B. 低耗　　　　C. 试验　　　　D. 炼钢

7. SFPSZ－150000/220 是（　　）。

A. 自耦变压器　　　　　　　　B. 矿用变压器

C. 三相三线圈有载调压变压器　　D. 整流变压器

8. OSFPZ－150000/220 是（　　）变压器。

A. 无载调压　　　　B. 整流　　　　C. 自耦　　　　D. 试验

9. SFF－40000/20 是（　　）变压器。

A. 试验　　　　B. 整流　　　　C. 自耦　　　　D. 分裂

10. ODFPSZ－250000/500 是（　　）变压器。

A. 三相三线圈　　　　B. 单相三线圈　　　　C. 整流　　　　D. 分裂

11. 变压器的使用寿命，实际是指变压器所用（　　）的使用期限。

A. 导线　　　　B. 变压器油　　　　C. 硅钢片　　　　D. 绝缘材料

12. 绝缘纸板的耐热等级为（　　）。

A. A 级　　　　B. Y 级　　　　C. B 级　　　　D. F 级

13. 浸油后绝缘纸板的耐热等级为（　　）。

A. A 级　　　　B. Y 级　　　　C. B 级　　　　D. F 级

14. Y 级绝缘的最高允许工作温度为（　　）℃。

A. 90　　　　B. 105　　　　C. 120　　　　D. 130

15. A 级绝缘的最高允许工作温度为（　　）℃。

A. 90　　　　B. 105　　　　C. 120　　　　D. 130

16. E 级绝缘的最高允许工作温度为（　　）℃。

A. 90　　　　B. 105　　　　C. 120　　　　D. 130

17. B 级绝缘的最高允许工作温度为（　　）℃。

A. 90　　　　　　　B. 105　　　　　　　C. 120　　　　　　　D. 130

18. 绝缘纸板的成分是（　　）。

A. 木材　　　　　　B. 棉麻　　　　　　C. 纯硫酸盐木浆　　D. 纤维

19. RPB 代表（　　）。

A. 高密度纸板　　　B. 硬纸板　　　　　C. 标准绝缘纸板　　D. 特硬纸板

20. HPB 通常代表（　　）。

A. 硬质绝缘纸板　　　　　　　　　　　B. 标准绝缘纸板

C. 国产纸板　　　　　　　　　　　　　D. 中密度纸板

21. 国产绝缘纸板的牌号为（　　）。

A. HPB　　　　　　B. T1　　　　　　　C. T4　　　　　　　D. 100/00

22. T4 通常代表（　　）。

A. 特硬绝缘纸板　　B. 标准绝缘纸板　　C. 国产纸板　　　　D. 中密度纸板

23. 国产电工绝缘纸板的牌号是（　　）。

A. 3020　　　　　　B. DY100/00　　　　C. DH－75　　　　　D. DRP

24. 纸板密度在 0.95 ~ 1.15g/cm³ 之间的为（　　）。

A. 低密度纸板　　　B. 高密度纸板　　　C. 标准密度纸板　　D. 都不是

25. 纸板密度在 0.75 ~ 0.9g/cm³ 之间的为（　　）。

A. 低密度纸板　　　B. 高密度纸板　　　C. 标准密度纸板　　D. 都不是

26. 电缆纸的牌号是（　　）。

A. 3020　　　　　　B. DH－75　　　　　C. DL－0.8　　　　　D. 3250

27. 酚醛层压玻璃布板的牌号是（　　）。

A. DR－1　　　　　B. DH－75　　　　　C. 3230　　　　　　D. 100/00

28. 电话纸的牌号是（　　）。

A. DR－1　　　　　B. DH－75　　　　　C. 3230　　　　　　D. 100/00

29. 防潮性能较好的绝缘材料是（　　）。

A. 环氧布板　　　　B. 绝缘纸板　　　　C. 皱纹纸　　　　　D. 层压木

30. 绝缘纸板的纵向收缩率为（　　）。

A. 7% ~ 8%　　　　B. 8‰ ~ 10‰　　　 C. 4% ~ 5%　　　　 D. 4‰ ~ 5‰

31. 绝缘纸板的横向收缩率为（　　）。

A. 7% ~ 8%　　　　B. 8‰ ~ 10‰　　　 C. 4% ~ 5%　　　　 D. 4‰ ~ 5‰

32. 绝缘纸板的纵向收缩率（　　）横向收缩率。

A. 大于　　　　　　B. 等于　　　　　　C. 小于　　　　　　D. 不大于

33. 对相同厚度的纸板来说，其纵向拉伸强度要（　　）其横向拉伸强度。

A. 大于　　　　　　B. 等于　　　　　　C. 小于　　　　　　D. 不大于

34. 下面（　　）为无屑加工。

A. 车　　　　　　　B. 铣　　　　　　　C. 冲　　　　　　　D. 刨

35. 下面（　　）为存屑加工。

A. 剪切　　　　　　B. 弯折　　　　　　C. 冲　　　　　　　D. 钻

36. 熬制聚乙烯醇胶液时，胶粉与水的比例为（　　）。

A. 1:5～6　　　　B. 1:7～8　　　　C. 1:8～10　　　　D. 1:10～12

二、判断题（对画"√"，错画"×"）

1. 常见的数控加工中心有龙门移动和工作台移动两种结构，一般采用机用虎钳进行工件固定。（　　）

2. 剪板机主要由机身、传动部分、控制部分和制动部分组成。（　　）

3. 剪板机的传动部分和控制部分实现剪刀的上下往复运动达到剪切目的；制动部分用以控制主轴的运动，减小冲击力，使上剪刀的运动保持平稳。（　　）

4. 当剪板机工作时，起动电动机，踩下脚踏板，则闸刀使传动机构中的方键滑动，使主轴与大齿轮相连接，从而大齿轮带动主轴旋转，主轴上的偏心轮通过连杆使上刀架做上下往复运动，带动剪刀工作。（　　）

5. 剪切出的纸板飞边较大时，有三个可能原因，即纸板含水率低、剪刀钝或剪刀间隙大。（　　）

6. 冲床的基本工作原理是由电动机通过带轮和齿轮驱动曲轴转动，曲轴的轴心线与其上的曲柄轴心线同心，从而便可通过连杆带动滑块做上下往复运动。（　　）

7. 为了保证模具的使用寿命和工作精度，在冲床使用一段时间后，必须调整制动器。（　　）

8. 冲床制动器的制动带使用长了会引起制动力矩降低，因此必须调整制动弹簧，加大制动力矩。（　　）

9. 带锯条修磨后齿形、齿距和齿高应一致，锯条齿背必须平直，锯齿不许有飞边，齿间不许扭曲及出现蓝色。（　　）

10. 加工层压纸板上一个 $\phi10 \times 20mm$ 的长圆孔用 $\phi10mm$ 的钻头即可。（　　）

11. 使用万用表测量电阻前，应首先察看指针是否指在零位，即将"＋"、"－"表笔接触后，指针应归零。（　　）

12. 万用表中欧姆表盘的刻度是不均匀的。（　　）

13. 比重计的分度值是 $0.01g/cm^3$。（　　）

14. 变压器是利用电磁感应原理工作的，即电生磁、磁生电的一种具体应用。（　　）

15. 变压器是利用楞次定律原理工作的，即电生磁、磁生电的一种具体应用。（　　）

16. 变压器是以电场为媒介的。（　　）

17. 铁心在变压器中构成一个开放的磁路，又是安装绕组的骨架，对变压器电磁性能和机械强度是极为重要的部件。常用的铁心材料为硅钢片。（　　）

18. 变压器绕组构成设备的内部电路，它与外界的电网直接相连，是变压器中最重要的部件，常把绕组比做变压器的"心脏"。（　　）

19. SFP－370000/220 表示一个三线圈、风冷、强迫油循环的变压器。（　　）

20. 变压器型号规格中，若电压后带 TH 表示湿热带地区用的变压器。（　　）

21. QSFPZ－63000/110 表示一台三绕组的气体变压器。（　　）

22. 变压器型号规格中，若有"D"表示该变压器为单相变压器。（　　）

23. 变压器型号规格中，若有"S"表示该变压器为三相变压器。（　　）

24. OSFPSZ－240000/330，表示的是一台自耦、三相三线圈、有载调压的变压器。（　　）

25. 变压器的使用寿命，实际是指变压器所用变压器油的使用期限。 （　　）

26. 绝缘材料的基本性能包括电气性能、耐热性能、力学性能和理化性能。 （　　）

27. 在交变电场中，绝缘材料吸收磁能以热的形式耗散的功率称为介质损耗。 （　　）

28. 介电常数是表征在直流电场下电介质极化程度的一个物理量。 （　　）

29. 当电场强度超过介质所能承受的允许值（临界值）时，该介质就失去了绝缘性能，这种现象称为电介质的电击穿，发生介质击穿时的电压称为击穿电压，而相应的电场强度称为介质的电气强度。 （　　）

30. Y 级绝缘的最高允许工作温度为 90℃。 （　　）

31. 浸油后绝缘纸板的最高允许工作温度为 90℃。 （　　）

32. 浸油后的绝缘纸板为 B 级绝缘。 （　　）

33. 最高允许工作温度为 155℃ 的绝缘材料为 F 级绝缘。 （　　）

34. 加工线圈用小角环应选用密度为 0.95 ~ 1.15g/cm³ 的绝缘纸板。 （　　）

35. 对于厚度为 3mm 的绝缘纸板，其纵向拉伸强度要大于横向拉伸强度。 （　　）

36. 一般绝缘纸板的纵向收缩率为 4‰ ~ 5‰，横向收缩率为 7‰ ~ 8‰。 （　　）

37. 对于需弯折的工件，为了防止弯折处断裂，必须使弯折方向为纸板的横向纤维方向。 （　　）

38. 压制 T 形撑条时，厚度方向要留出 4% ~ 5% 的压缩量。 （　　）

39. 油隙撑条的主要作用有两个：一是作为绕组间的机械支撑，二是用于固定油隙垫块。 （　　）

40. 纸板在弯折处发生断裂，主要原因是纸板过厚、调湿时用水量少或纸板纤维方向错误。 （　　）

41. 在日常生产中，切削用量主要是指切削速度、进给量和吃刀量。 （　　）

42. 鸽尾撑条铣制时发生弯曲，主要原因是压辊压紧力过小或两边压紧力不均匀。 （　　）

43. 在纸板弯折时必须用蒸馏水进行调湿，并经过保湿使其均匀渗透，一般需将折弯纸板的含水量控制在 4% 左右。 （　　）

44. 在瓦楞机停车前必须先停止加热，待齿辊温度降到 30℃（约需 3h）及以下时，方可停车，否则会使齿辊变形。 （　　）

45. 线圈用正小角环主要用在线圈线段之间，为的是改善线段间的磁场分布。 （　　）

46. 常用聚乙烯醇胶中，蒸馏水与胶粉的比例为 1:10 ~ 12。 （　　）

47. 在酚醛纸管浸漆烘焙过程中要控制温度的上升速度，避免酚醛纸管因升温过快而断裂。 （　　）

48. 在对酚醛纸管进行浸漆时，酚醛树脂胶的粘度，用 4# 粘度计测量在室温内为 4 ~ 7s，当粘度高时，就加入适量酒精进行稀释。 （　　）

49. 常用游标卡尺的分度值有 0.1mm、0.2mm 等。 （　　）

50. π 尺的测量分度值为 0.01mm。 （　　）

三、作图题

1. 有一带斜面的工件，其斜面尺寸如下图所示，需要用成形立铣刀加工，请绘制出所用刀具的基本形状和刃部尺寸，注意厚度方向留 5mm 的加工量。

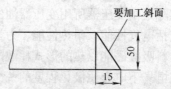

2. 请绘制出底部有跨撑条换位，外部有导线处线圈油隙垫块的基本形状（以燕尾垫块为例）。

四、简答题

1. 简单介绍剪切纸板飞边大的主要原因。

2. 简单介绍剪板机的工作原理。

3. 简单介绍冲床的工作原理。

4. 简单介绍用比重计测量酚醛树脂胶时的注意事项，并读出下图所显示的胶液的密度值。

5. 简单介绍电气强度的定义。

6. 简单介绍介质损耗的定义。

7. 简单介绍介电常数的定义。

8. 简单介绍耐热性的定义。

9. 简单介绍热稳定性的定义。

10. 简单介绍最高允许工作温度的定义。

11. 简单介绍耐热等级的定义。

12. SFPSZ – 180000/220 表示？

13. ODFPSZ – 250000/500 表示？

14. SFFZ – 45000/220 表示？

15. OSFPSZ – 240000/400TH 表示？

16. 介绍绝缘纸板的分类和不同用途。

17. 简单介绍如何区分纸板的横纵向。

18. 对折弯的工件，为什么必须注意纸板的纤维方向？如何辨认纤维方向？

19. 计算下图所示折弯件的展开尺寸（单位：mm）。

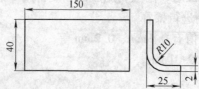

20. 简单介绍无屑加工的定义和特点。

21. 简单介绍有屑加工定义和特点。

22. 简单介绍线圈油隙撑条的基本作用有哪些?

23. 纸板在弯折处发生断裂的原因有哪些?

24. 有一绝缘压板,尺寸为 $\phi1850/\phi2630 \times 80mm$,密度为 $1.2g/cm^3$,试计算质量?

25. 在 2000t 油压机上压制一工件,需压力为 1500t,问表压力为多少 kg/cm^2。已知:油缸活塞面积为 $6666cm^2$。

26. 绝缘件变形的种类及原因是什么?如何预防?

27. 绝缘件加工过程中的注意事项?

28. 压板尺寸如下图所示,密度为 $1.2g/cm^3$,计算压板的质量是多少(图中尺寸为 mm)?

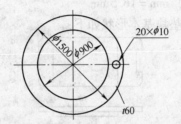

29. 有一端圈,尺寸如下图所示,纸圈密度为 $1.16g/cm^3$,垫块密度为 $1.2g/cm^3$(图中尺寸单位均为 mm),计算端圈的质量。

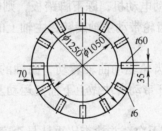

答 案 部 分

一、选择题

1. B 2. A 3. C 4. A 5. C 6. C 7. C 8. C 9. D
10. B 11. D 12. B 13. A 14. A 15. B 16. C 17. D 18. C
19. C 20. A 21. D 22. A 23. B 24. C 25. A 26. C 27. C
28. B 29. A 30. D 31. B 32. C 33. A 34. C 35. D 36. D

二、判断题

1. × 2. √ 3. √ 4. × 5. × 6. × 7. × 8. √ 9. √
10. × 11. √ 12. √ 13. × 14. √ 15. × 16. × 17. × 18. √
19. × 20. √ 21. × 22. × 23. √ 24. √ 25. × 26. √ 27. ×
28. × 29. √ 30. √ 31. × 32. √ 33. √ 34. × 35. √ 36. √
37. × 38. × 39. √ 40. √ 41. √ 42. × 43. × 44. √ 45. ×
46. × 47. × 48. × 49. × 50. √

三、作图题

1. 解 所需刀具刃部基本形状如下：

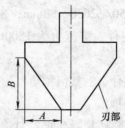

刃部尺寸 $B = 50\text{mm} + 5\text{mm} = 55\text{mm}$

$A = 15 \times (55/50) \text{ mm} = 16.5\text{mm}$

2. 解 绘制出的线圈油隙垫块基本形状如下：

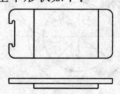

四、简答题

1. 答：纸板含水率大、剪刀钝或剪刀间隙大。

2. 答：当剪板机工作时，起动电动机，踩下脚踏板，则闸刀使离合机构中的方键滑动，使主轴与大齿轮相连接，从而大齿轮带动主轴旋转，主轴上的偏心轮通过连杆使上刀架做上下往复运动，带动剪刀工作。

3. 答：由电动机通过带轮和齿轮驱动曲轴转动，曲轴的轴心线与其上的曲柄轴心线偏移一个偏心距，从而便可通过连杆带动滑块做上下往复运动。

4. 答：

1）使用前，必须将比重计擦干净，并检查比重计是否完好。

2）测量时，要确定所测量的液面足够高，测量时，要轻轻放入溶液中，防止损坏。

3）使用时，必须轻拿轻放，防止损坏。

4）测量完后，将比重计清洗干净，放回盒内。

胶液密度为 0.908g/cm^3。

5. 答：当电场强度超过该介质所能承受的允许值（临界值）时，该介质就失去了绝缘性能，这种现象称为电介质的电击穿，发生介质击穿时的电压称为击穿电压，而相应的电场强度称为介质的电气强度。

6. 答：在交变电场中，绝缘材料吸收电能以热的形式耗散的功率称为介质损耗。

7. 答：介电常数是表征在交变电场下电介质极化程度的一个物理量。

8. 答：表示绝缘材料在高温作用下，不改变介电性能、力学性能、理化性能等特性的能力。

9. 答：是指在温度反复变化情况下，绝缘材料不改变其介电性能、力学性能、理化性能等特性，并能保持正常状态的能力。

10. 答：是指绝缘材料能长期（15～20年）保持所必需的介电性能、力学性能、理化性能而不起显著劣变的温度。

11. 答：表示绝缘材料的最高允许工作温度。

12. 答：表示三相、风冷、强迫油循环、三线圈、有载调压、额定容量 180000kV·A，额定电压 220kV 的电力变压器。

13. 答：表示自耦、单相、风冷、强迫油循环、三线圈、有载调压、额定容量 250000kV·A，额定电压 500kV 的电力变压器。

14. 答：表示三相、风冷、双分裂绕组、有载调压、额定容量 45000kV·A，额定电压 220kV 的电力变压器。

15. 答：表示自耦、三相、风冷、强迫油循环、三线圈、有载调压、额定容量 240000kV·A，额定电压 400kV，用在湿热带地区的电力变压器。

16. 答：根据密度的不同，可以将绝缘纸板分为以下几种：

1）低密度板：密度为 $0.75 \sim 0.9 \mathrm{g/cm^3}$，强度较低，力学性能较差，但成形性好，主要用于制作成形件。

2）中密度板（标准板）：密度为 $0.95 \sim 1.15 \mathrm{g/cm^3}$，硬度较好，电气强度较高，主要用于绝缘纸筒、撑条、垫块等一般绝缘件及层压制品。

3）高密度板：密度为 $1.15 \sim 1.3 \mathrm{g/cm^3}$，电气性能和力学性能均很高，主要用于压板、垫板、油隙垫块等不弯折的零件。

17. 答：纸板纵向即为制作纸板时铜网转动的方向，那么垂直的方向即为纸板的横向。

18. 答：对于薄纸板类的下料，尤其是需弯折工件的下料，如：瓦楞纸板、纸板筒、斜端圈等，在下料时必须注意纸板的纤维方向，这是因为绝缘纸板纵向和横向的拉伸强度有很大差别，对相同厚度的纸板来说，其纵向拉伸强度要大于其横向拉伸强度，为了减少纸板在折弯、滚圆等加工时的断裂可能，在下料时必须使折弯、滚圆方向与纸板的纵向纤维方向一致。

对于纸板的纤维方向，制作纸板时铜网转动的方向即为纸板纵向，垂直的方向即为纸板的横向。

19. 答：展开尺寸为：$(40-10-2)\ \mathrm{mm} + 3.14 \times (10+1)\ \mathrm{mm}/2 + (25-10-2)\ \mathrm{mm} = 58.27 \mathrm{mm}$

20. 答：主要是指弯折、压缩、剪切、冲剪等。加工特点是加工端面飞边大，弯折时纤维易断裂，但加工方便，生产效率高。

21. 答：主要是指车、铣、刨、锯、钻等类加工，加工特点是加工面光滑无飞边，但加工效率低，且若加工不当，易产生表面发黑及炭化问题。

22. 答：一是作为绕组间的机械支撑，二是用于固定油隙垫块。

23. 答：纸板过厚，一般折弯类绝缘件的厚度以 2mm 以下为好；调湿时用水量少，造成因纸板含水率低而较硬；纸板纤维方向错误。

24. 答：将题中尺寸划为厘米（cm）计算：

$$1.2 \times [3.14 \times 8 \times (263^2 - 185^2)/4]\ \mathrm{g}/1000 = 263 \mathrm{kg}$$

25. 答：$N = G/F$

$= 1500000 \mathrm{kg} \cdot \mathrm{f}/6666 \mathrm{cm}^2 = 225 \mathrm{kg} \cdot \mathrm{f/cm}^2$

26. 答：绝缘件变形的种类有收缩变形和翘曲变形。

变形原因：材料本身含水量大；含水量不均匀或水分挥发速度不一，收缩快慢不等；局部受热或局部受潮；存放的方式和地点不当。

预防措施：防止材料受潮；按要求妥善保管、存放。

27. 答：防止炭化；去掉尖角飞边；防止纤维断裂，产生机械损伤，破坏绝缘强度；防止部件变形，吸潮；保持绝缘件的清洁，防止污染。

28. 答：将图中尺寸化为厘米（cm）计算：

$$3.14 \times [(150/2)^2 - (90/2)^2] \times 6 \times 1.2g - 3.14 \times (1/2)^2 \times 6 \times 1.2 \times 20g = 81275.76g \approx 81kg$$

29. 答：将图中尺寸化为厘米（cm）计算：

纸圈质量：$3.14 \times [(125/2)^2 - (105/2)^2] \times 0.6 \times 1.16g = 2513g$

垫块质量：$12 \times 3.5 \times 7 \times 6 \times 1.2g = 2116.8g$

端圈质量：$2513g + 2116.8g = 4629.8g = 4.7kg$

高级工模拟试卷
试题部分

一、选择题（将正确答案的序号填入括号内）

1. 导线规格 ZB－0.6－3.75×13.2/4.2×13.65 中，0.6 表示（　　　）。
   A. 导线宽度　　　　B. 导线厚度　　　　C. 导线规格　　　　D. 匝绝缘厚度

2. 静电环通常放在线圈端部，通过其感应电动势产生的（　　　）来改善线圈端部电场的分布。
   A. 磁场　　　　　　B. 电场　　　　　　C. 电流　　　　　　D. 电容

3. 变压器是利用（　　　）原理制成的静止的电气设备，铁心和线圈是变压器的两大部分。
   A. 楞次　　　　　　B. 牛顿　　　　　　C. 电磁感应　　　　D. 万有引力

4. 线圈是变压器的（　　　）。
   A. 电路　　　　　　B. 磁路　　　　　　C. 媒介　　　　　　D. 骨架

5. 圆筒式线圈的线匝通常是按轴向排列的一根或几根（　　　）导线组成的。
   A. 交叠　　　　　　B. 串联　　　　　　C. 串并联　　　　　D. 并联

6. 饼式线圈是由一根或几根（　　　）的绝缘扁线沿铁心柱的径向一匝接一匝地串联而成，数匝成一饼。
   A. 交叠　　　　　　B. 串联　　　　　　C. 串并联　　　　　D. 并联

7. 饼式线圈是由一根或几根并联的绝缘扁线沿铁心柱的径向一匝接一匝地（　　　）而成，数匝成一饼。
   A. 交叠　　　　　　B. 串联　　　　　　C. 串并联　　　　　D. 并联

8. 连续式线圈由沿（　　　）分布的若干连续绕制的线段组成。
   A. 轴向　　　　　　B. 径向　　　　　　C. 幅向　　　　　　D. 平面

9. 连续式线圈的每个线段由若干线匝组成，线匝按螺旋方式在（　　　）方向摆绕起来。
   A. 轴向　　　　　　B. 垂直　　　　　　C. 幅向　　　　　　D. 竖直

10. 内屏蔽连续式线圈就是在连续式线圈内插入增加（　　　）的屏蔽线而成。
    A. 电阻　　　　　　B. 电容　　　　　　C. 电流　　　　　　D. 电导

11. 下面（　　　）为主绝缘。
    A. 匝间油道　　　　B. 油隙垫块　　　　C. 角环　　　　　　D. 匝绝缘

12. 下面（　　　）是纵绝缘。
    A. 匝绝缘　　　　　B. 撑条　　　　　　C. 角环　　　　　　D. 夹件绝缘

13. 下面（　　　）是纵绝缘。
    A. 绝缘端圈　　　　B. 围屏　　　　　　C. 纸筒　　　　　　D. 层绝缘

14. 下面（　　　）是主绝缘。
    A. 绝缘端圈　　　　B. 匝绝缘　　　　　C. 油隙垫块　　　　D. 层绝缘

15. 下面（　　　）为纵绝缘。
    A. 油道撑条　　　　B. 匝绝缘　　　　　C. 软纸筒　　　　　D. 夹件绝缘

16. 下面（　　）是主绝缘。

A. 垫条　　　　　　　　B. 油隙垫块　　　　　　C. 压板　　　　　　　　D. 线圈用角环

17. 下面（　　）是纵绝缘。

A. 匝绝缘　　　　　　　B. 压板　　　　　　　　C. 垫板　　　　　　　　D. 纸筒

18. 厚度为 4mm，内径为 1200mm 的硬纸筒，下料长度为（　　）mm。

A. 3880　　　　　　　　B. 3800　　　　　　　　C. 3867　　　　　　　　D. 3890

19. 硬纸板筒搭接斜坡长度一般为厚度的（　　）倍。

A. 10　　　　　　　　　B. 15　　　　　　　　　C. 20　　　　　　　　　D. 25

20. 硬纸板筒主要用在绕组中，提高绕组的机械强度，提高抗（　　）能力。

A. 变形　　　　　　　　B. 短路　　　　　　　　C. 断路　　　　　　　　D. 受潮

21. 厚纸板筒在粘接坡口前需要进行干燥处理，其目的是（　　）。

A. 防止吸潮　　　　　　　　　　　　　　　B. 消除水分

C. 使纸板预收缩并定形　　　　　　　　　　D. 防止变形

22. 厚纸板筒在加工完后、封装前需进行干燥处理，其目的是（　　）。

A. 防止吸潮　　　　　　　　　　　　　　　B. 消除水分

C. 使纸板预收缩并定形　　　　　　　　　　D. 防止变形

23. 对加工好的绝缘件进行喷油处理，主要原因是为了（　　）。

A. 保持清洁　　　　　　B. 消除水分　　　　　　C. 防止吸潮　　　　　　D. 防止收缩

24. 制作硬纸板筒时，若使用滚圆机滚圆，则纸板的含水率应达到（　　）。

A. 5%　　　　　　　　　B. 10%　　　　　　　　C. 13%　　　　　　　　D. 20%

25. 制作硬纸板筒时，若使用胎具定形，则纸板的含水率应达到（　　）。

A. 5%　　　　　　　　　B. 10%　　　　　　　　C. 13%　　　　　　　　D. 20%

26. 线段之间正角环的主要作用是（　　）。

A. 提高机械强度　　　　B. 线圈定位　　　　　　C. 增加绝缘强度　　　　D. 导油

27. 线段之间反角环的主要作用是（　　）。

A. 提高机械强度　　　　B. 线圈定位　　　　　　C. 增加绝缘强度　　　　D. 导油

28. 线圈端部角环的作用是（　　）。

A. 延长爬电距离　　　　B. 线圈定位　　　　　　C. 增加强度　　　　　　D. 包扎紧实

29. 绝缘件翘曲变形的主要原因是（　　）。

A. 含水率高　　　　　　B. 压力不足　　　　　　C. 含胶量小　　　　　　D. 加工错误

30. 绝缘纸板干燥处理其主要目的是（　　）。

A. 防止吸潮　　　　　　B. 消除水分　　　　　　C. 使纸板预收缩　　　　D. 防止变形

二、判断题（对画"√"，错画"×"）

1. 静电环通常放在线圈端部，通过其感应电动势产生的电流来改善线圈端部电场的分布。　　　　　　　　　　　　　　　　　　　　　　　　　　　　　　　　（　　）

2. 冲床是一种曲柄连杆传动系统，是将直线往复运动转变为旋转运动的机械。（　　）

3. 用冲床加工工件时，若带式制动器钢带断裂，则无法实现滑块的上下运动。（　　）

4. 使用推台锯锯切工件时，若烧坏电动机，主要原因是锯片钝或锯切材料较厚。

　　　　　　　　　　　　　　　　　　　　　　　　　　　　　　　　　　（　　）

5. 变压器是利用电磁感应原理制成的静止的电气设备，线圈是变压器的电路，铁心是变压器的磁路。（　　）

6. 通过电磁感应原理，变压器线圈起到了把一次侧输送来的电能传到二次侧的媒介作用。（　　）

7. 铁心本身是一种用来构成电路的框形闭合结构，其中套线圈的部分为心柱，不套线圈的部分为铁轭。（　　）

8. 绕组是变压器的电路部分，高、低压绕组之间的相对位置有同心式和层叠式两种。（　　）

9. 同心式绕组中，高低压绕组同心的套在铁心柱上，为了便于绕组和铁心绝缘，通常高压绕组靠近铁心。（　　）

10. 交叠式绕组中，高低压绕组沿铁心柱高度方向交叠放置，为了减小绝缘距离，通常高压绕组靠近铁轭。（　　）

11. 交叠式绕组中，高低压绕组沿铁心柱高度方向交叠放置，为了减小绝缘距离，通常低压绕组靠近心柱。（　　）

12. 交叠式绕组中，高低压绕组沿铁心柱高度方向交叠放置，为了降低电压，通常低压绕组靠近铁轭。（　　）

13. 交叠式绕组主要用在壳式变压器中。（　　）

14. 圆筒式线圈一般是用圆线和扁线绕制而成，线匝通常是按幅向排列的一根或几根并联导线组成的。（　　）

15. 圆筒式线圈一般是用圆线和扁线绕制而成，线匝通常是按轴向排列的一根或几根串联导线组成的。（　　）

16. 常见的圆筒式线圈的层间连接是通过换位线实现的。（　　）

17. 饼式线圈是由一根或几根串联的绝缘扁线沿铁心柱的径向一匝接一匝地串联而成的，数匝成一饼。（　　）

18. 饼式线圈是由一根或几根并联的绝缘扁线沿铁心柱的幅向一匝接一匝地串联而成的，数匝成一饼。（　　）

19. 饼式线圈是由一根或几根并联的绝缘扁线沿铁心柱的径向一匝接一匝地并联而成的，数匝成一饼。（　　）

20. 连续式线圈是由沿轴向分布的若干连续绕制的线段组成的。（　　）

21. 连续式线圈是由沿轴向分布的若干连续绕制的线段组成的，每个线段又由若干线匝组成，线匝按螺旋方式在轴向方向摞绕起来。（　　）

22. 连续式线圈为了实现段和段的连续性，在段和段之间必须有底部换位和外部换位交替分布。（　　）

23. 在连续式线圈中，油隙垫块有导油、隔热和绝缘三重作用。（　　）

24. 在连续式线圈中，通常用撑条把垫块穿起来，也构成了绕组内表面的垂直油道。（　　）

25. 螺旋式线圈用于高电压、大电流的绕组结构，其导线为多根扁导线串联。（　　）

26. 在螺旋式线圈中，为使各并联导线所在外漏磁场中的长度和位置尽可能相同，必须对导线进行换位。（　　）

27. 在螺旋式线圈中，为使各串联导线所在外漏磁场中的长度和位置尽可能相同，必须对导线进行换位。 （　　）

28. 纠结式线圈主要用在 220kV 及以上电压等级的变压器低压绕组中，与连续式线圈的不同点在于线匝的分布。 （　　）

29. 纠结式线圈主要用在 220kV 及以上电压等级的变压器高压绕组中，与连续式线圈的不同点在于绝缘的布置。 （　　）

30. 内屏蔽连续式线圈就是在连续式线圈内插入增加电流的屏蔽线而成。 （　　）

31. 变压器由绕组、引线、分接开关和套管组成导电系统，由铁心形成导磁系统。 （　　）

32. 压板、拖板等为主绝缘。 （　　）

33. 线圈垫块、撑条等为主绝缘。 （　　）

34. 绕组具有不同电位的不同点和不同部位之间的绝缘为主绝缘。 （　　）

35. 对通常的纸板来说，其纵向拉伸强度要小于横向拉伸强度，纵向收缩率要大于横向收缩率。 （　　）

36. 对通常的纸板来说，其横向拉伸强度要大于纵向拉伸强度，纵向收缩率要小于横向收缩率。 （　　）

37. 在制作纸筒和成形件时，一般选用拉伸强度及收缩率较小的一方为圆周方向，即纸板的纵向。 （　　）

38. 在绝缘纸板国际标准中，以 5mm 厚纸板为例，其纵向拉伸强度为 110MPa，横向拉伸强度为 85MPa；纵向收缩率为 5‰，横向收缩率为 7‰。 （　　）

39. 因纸筒在烘干定形时会产生尺寸收缩，在下料时，一般在纵向加 8‰ 的收缩量，在横向加的 5‰ 收缩量。 （　　）

40. 硬纸板筒主要用在绕组中，提高绕组的机械强度，提高抗断路能力。 （　　）

41. 造成硬纸板筒不圆的主要原因是胎具尺寸不合适或热压机压板弧度不合适。 （　　）

42. 造成硬纸板筒开裂的主要原因是纸板调湿不均匀或纸板滚圆时间隙调整不当。 （　　）

43. 酚醛纸筒用在容量在 6300kV·A 及以下的配电变压器中，既作为绕组的骨架又是纵绝缘。 （　　）

44. 用在线圈端部的角环通常有软角环和成形角环两种，主要作用是增大电场爬距。 （　　）

45. 用在线段之间的角环通常只有两种放置方式，正角环放在线段内侧，主要作用是导油；反角环放在线段外侧，主要作用是改善电场。 （　　）

46. 在粘合铁轭绝缘的垫块时，要保证垫块分布均匀，否则可能使线圈的撑条和线饼间垫块对不正铁轭绝缘的垫块，使线圈的抗短路力强度降低。 （　　）

47. 软角环各层搭接缝一定要错开，否则会降低它的机械强度。 （　　）

三、简答题

1. 请绘制出三相五柱式铁心的基本结构示意图，并标出各部位名称。

2. 简单介绍静电环的作用。

3. 线圈图中，ZB—2.95 – 1.25 ×9.5/4.2 ×12.45 表示什么？

4. 介绍冲床的原理、常见故障和排除办法。

5. 铁心的作用是什么？

6. 简单介绍常用铁心的结构形式有哪些？

7. 介绍铁心的基本结构，常用铁心形式及特点，并介绍其主要用途。

8. 简单介绍常用线圈的基本形式。

9. 简单介绍主绝缘的定义。

10. 简单介绍纵绝缘的定义。

11. 绝缘纸板的试验主要有哪些？

12. 计算外径为 1200mm，厚度为 4mm，高度为 1650mm 的硬纸板筒的下料尺寸（纸板料尺寸为 3200mm×4200mm）。

13. 计算外径为 1450mm，厚度为 4mm，高度为 2100mm 的硬纸板筒的下料尺寸（纸板料尺寸为 3200mm×4200mm）。

14. 论述对硬纸筒进行下料时，应主要注意的问题有哪些？

15. 计算下图所示导线夹的展开宽。

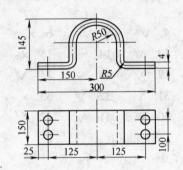

16. 计算下图所示绝缘件的展开宽。

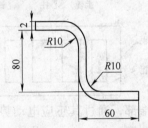

17. 有一 U 形纸槽，各部尺寸如下图所示，试计算纸板展开长是多少 mm？

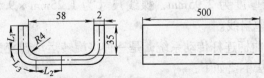

18. 作一个 $\phi1500/\phi1800\times3mm$ 的纸圈，使用方料加工，外径余量 20mm，方料的质量是多少？内圆盘质量是多少？如果边角料为废料，内圆盘再利用时利用率为 60%，问材料总利用率是多少？材料密度为 1.2g/cm³。

19. 硬纸板筒的主要作用是什么？

20. 为什么硬纸板筒在夏季要进行干燥浸油？干燥浸油注意事项有哪些？

21. 角环起什么作用?

22. 制作软角环时,为什么角环上的缝一定要错开?

23. 粘接端圈上垫块时,为什么要保证分布均匀?

24. 软角环起什么作用? 制作时应注意哪些问题?

25. 有一内径 420mm,外径 430mm,高 1420mm 的纸板筒,在其上面铆 36 根撑条,每根撑条重 0.65kg,问总质量是多少?

答 案 部 分

一、选择题

1. D 2. B 3. C 4. A 5. D 6. D 7. B 8. A 9. C
10. B 11. C 12. A 13. D 14. A 15. B 16. C 17. A 18. C
19. C 20. B 21. C 22. A 23. C 24. C 25. B 26. C 27. D
28. A 29. A 30. B

二、判断题

1. × 2. × 3. √ 4. √ 5. √ 6. × 7. × 8. × 9. ×
10. × 11. × 12. × 13. √ 14. × 15. × 16. × 17. × 18. ×
19. × 20. √ 21. × 22. √ 23. √ 24. √ 25. × 26. √ 27. ×
28. × 29. × 30. × 31. √ 32. × 33. × 34. √ 35. × 36. ×
37. × 38. √ 39. × 40. × 41. √ 42. √ 43. × 44. √ 45. ×
46. √ 47. ×

三、简答题

1. 答:

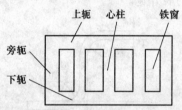

2. 答:静电环通常放在线圈端部,通过其感应电动势产生的电场来改善线圈端部电场的分布。

3. 答:表示匝绝缘厚度为 2.95mm,裸线尺寸为 1.25mm × 9.5mm,包绝缘后尺寸为 4.2mm × 12.45mm 的纸包扁线。

4. 答:冲床主要是曲柄连杆传动系统,是一种将旋转运动转变为直线往复运动的机械。它的常见故障及排除方法主要如下:

1)带式制动器钢带易断裂,使离合器不能正常工作,无法实现滑块上下运动。解决办法是:适当调整制动器弹簧张力,防止钢带断裂,还要防止摩擦制动带粘油而降低摩擦因数。

2)开车后轮轴转动而滑块没有上下往复运动。这种情况可能有如下两点原因:

① 由于滑块处于下止点位置,使机器负载过量,不能起动,此时,关闭电源,手动盘

车，使滑块处于上止点位置即可。

②查看离合器柱销是否归位，适当调整柱销，使其归在原位。

5. 答：1）变压器是利用电磁感应原理制成的静止的电气设备，铁心和线圈是变压器的两大部分。线圈是变压器的电路，铁心是变压器的磁路。

2）当一次线圈接入交流电压时，铁心中便产生了随之变化的磁通，由于此变压器的磁通同时又交链于二次线圈，根据互感原理，在变压器二次侧中产生感应电动势，当二次侧为闭合电路时，则会有电流通过。

3）通过电磁感应原理，变压器铁心起到了把一次侧输送来的电能传到二次侧的媒介作用。

4）铁心还是变压器器身的骨架。变压器的线圈套在铁心柱上，引线、导线夹、开关等都固定在铁心的夹件上。

5）变压器内部的所有组、部件也都是靠铁心固定和支撑的。

6. 答：单相双柱式铁心、单相双柱式铁心、三相三柱式铁心、三相五柱式铁心、三相壳式铁心。

7. 答：铁心的基本结构：铁心本身是一种用来构成磁路的框形闭合结构，其中套线圈的部分为心柱，不套线圈的部分为铁轭，铁轭同时又有上铁轭、下铁轭和旁轭。现代的变压器铁心，其心柱和铁轭一般均在同一个平面上，对于铁心柱之间或心柱与旁轭间的窗口，一般习惯称之为铁窗。

常用铁心形式及其用途：

1）单相双柱式铁心，有两个铁心柱，柱上均套有线圈，柱铁与轭铁的铁心叠片以搭接方式叠积而成。此结构铁心为一种典型的铁心结构形式，广泛应用于各种单相变压器中。

2）单相三柱（或四柱）式铁心，有三个（或四个）铁心柱，其旁轭上有时会套装调压或励磁线圈。其比较适用于高电压大容量的单相电力变压器或大电流变压器中，如 $250000kV \cdot A/500kV$ 产品。

3）三相三柱式铁心，此形式铁心的三个铁心柱上均套有线圈，每柱作为一相，分别为 A 相、B 相、C 相，一般适用于容量在 12 万 kV·A 以下的各种三相心式变压器。

4）三相五柱式铁心，有三个主柱，两个旁柱。此种结构形式的铁心主要适用于大容量的三相电力变压器，一般皆为 12 万 kV·A 以上容量，如 $180000kV \cdot A/220kV$ 产品。

5）三相壳式铁心，此种结构形式的铁心，其心柱与铁轭截面形状皆为矩形，主要用于壳式变压器中。

8. 答：圆筒式线圈、饼式线圈、连续式线圈、螺旋式线圈、纠结式线圈、内屏蔽连续式（或插入电容式）线圈。

9. 答：绕组间、绕组对铁心和油箱等的绝缘为主绝缘。

10. 答：绕组具有不同电位的不同点和不同部位之间的绝缘为纵绝缘。

11. 答：电气强度试验、抗拉强度试验、纸板压缩率试验、纸板收缩率试验、纸板含水率试验、纸板灰分的测定。

12. 答：取纸板纵向为圆周方向，坡口长度为 80mm，则

下料长度为

$$3.14 \times (1200 - 4) \times 1.005mm + 80mm = 3854mm$$

下料宽度为

$$1650 \times 1.008\text{mm} = 1663\text{mm}$$

13. 答：取纸板纵向为圆周方向，坡口长度为 80mm，则

下料长度为

$$3.14 \times (1450 - 4) \times 1.005\text{mm} + 80\text{mm} = 4643\text{mm}$$

因纸板最长为 4200mm，则需采用两张纸板搭接制造，则

下料长度为

$$1.005 \times 1446 \times 3.14/2\text{mm} + 80\text{mm} = 2362\text{mm}$$

下料宽度为

$$1.008 \times 2100\text{mm} = 2117\text{mm}$$

14. 答：1）纸板筒采用纸板进行围制成形，利用的是纸板的塑性变形，此时，为了便于成形和控制直径尺寸，一般选用拉伸强度较大且收缩率较小的一方为圆周方向。对通常的纸板来说，其纵向拉伸强度要大于横向拉伸强度，纵向收缩率要小于横向收缩率，所以以通常选用纸板的纵向为圆周方向。但有时纸筒的直径较大，也可取横向为纸板的圆周方向，但注意两张纸板的纤维方向要一致。

2）纸板在存放时，要受潮产生尺寸变化，而纸筒需烘干定形，在烘干时，纸筒将挥发水分，产生一定的收缩，且横向和纵向收缩不等，所以在计算下料尺寸时，要根据纸筒的实际情况加上烘干收缩量，一般纵向收缩量取 4‰ ~ 5‰，横向收缩率取 7‰ ~ 8‰。

3）纸筒需要搭接成圆形，按不同的厚度其搭接长度一般取厚度的 20 倍，在下料时要增加搭接坡口的量。

15. 答：第一层：$L_1 = 2 \times [(150 - 50 - 4 - 5) + (145 - 50 - 8 - 5)]\text{mm} + \pi \times (50 + 3)\text{mm} + \pi \times (5 + 1)\text{mm} = 531.26\text{mm}$

第二层：$L_2 = 2 \times [(150 - 50 - 4 - 5) + (145 - 50 - 8 - 5)]\text{mm} + \pi \times (50 + 1)\text{mm} + \pi \times (5 + 3)\text{mm} = 531.26\text{mm}$

16. 答：该绝缘件中心线示意图如下图所示。

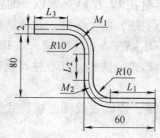

其中单点画线为所需计算的线：

$$L_1 = (60 - 10 - 2)\text{mm} = 48\text{mm} \quad L_2 = (80 - 10 - 10)\text{mm} = 60\text{mm} \quad L_3 = L_1 = 48\text{mm}$$

$$M_1 = 2 \times \pi \times (10 + 1)\text{mm}/4 = 17.27\text{mm} \quad M_2 = M_1 = 17.27\text{mm}$$

展开长 $= L_1 + L_2 + L_3 + M_1 + M_2 = (48 + 60 + 48 + 17.27 + 17.27)\text{mm} = 190.54\text{mm}$

17. 答：$L_1 = (35 - 4)\text{mm} = 31\text{mm}$

$$L_2 = 58\text{mm}/2 - 4\text{mm} = 25\text{mm}$$

$$L_3 = 2 \times 3.14 \times (4 + 1)\text{mm}/4 = 7.85\text{mm}$$

展开长为：$2 \times (L_1 + L_2 + L_3) = 2 \times (31 + 25 + 7.85)mm = 127.7mm$

18. 答：方料：$182 \times 182 \times 0.3 \times 1.2g/10^3 = 11.92kg$

$\phi1800$ 的圆盘质量：$\pi \times (180/2)^2 \times 0.3 \times 1.2g/10^3 = 9.16kg$

内圆盘质量：$\pi \times (150/2)^2 \times 0.3 \times 1.2g/10^3 = 6.36kg$

$\phi1800$ 的圆环质量：$(9.16 - 6.36)$ kg = 2.8kg

内圆盘可利用质量：$6.36kg \times 60\% = 3.82kg$

材料总共利用质量：$(2.8 + 3.82)$ kg = 6.62kg

材料总利用率：$(6.62/11.92) \times 100\% = 55.6\%$

19. 答：硬纸板筒主要用在变压器绕组中，用以提高绕组的机械强度，提高抗短路能力。

20. 答：硬纸筒用纸板制作，纸板在空气中容易吸潮，特别是夏季，由于空气湿度较大，更容易受潮引起尺寸的涨大，烘干后尺寸变小很多，所以在夏季，变压器在干燥后要及时浸油，防止吸潮。

注意事项：烘干后浸油，出炉距浸油时间不得超过 8h，应尽量短；浸油前要清理干净纸板筒；保证油的清洁；浸油后及时覆盖，防止吸附尘土。

21. 答：角环放在线圈端部，起到增加线圈端部到铁轭以及线圈端部和线圈端部的爬电距离的作用。

22. 答：角环上的缝一定要错开，如果缝都集中在一处，角环就会失去作用而在接缝上爬电，同一处的接缝越多那么角环的有效厚度就越小。

23. 答：在粘合垫块时，用重物冷压，要保证垫块分布均匀。这是因为变压器线圈是由上下夹件，通过铁轭绝缘来夹紧的。铁轭绝缘的垫块分布不均匀，可能使线圈的撑条和线饼间垫块对不正铁轭绝缘的垫块，使得对线圈的轴向压紧力减小，线圈受到短路力时，容易毁坏，所以铁轭绝缘的垫块要分布均匀。

24. 答：（1）软角环放在线圈端部，起到增加线圈端部到铁轭、线圈端部到线圈端部的爬电距离的作用。

（2）制作时的注意事项

1）第一层和最后一层的纸板接头要搭接一个瓣以上，中间纸板对接，各层间纸板接缝要错开。

2）各层的瓣要错开 1/2 个瓣，确保爬电距离。

3）瓣的宽窄要适宜，不要太宽或太窄。

4）弯折时要防止在其弯折处纸板开裂。

25. 答：$G_筒 = 1.25 \times 3.14/4 \times (4.32 - 4.22) \times 142g = 11844g = 11.8kg$

$G_条 = 0.65 \times 36g = 23.4kg$

$G_总 = 11.8kg + 23.4kg = 35.2kg$

参 考 文 献

[1] 变压器制造技术丛书编审委员会. 绝缘材料与绝缘件制造工艺 [M]. 北京：机械工业出版社，1998.

[2]《变压器》杂志编辑委员会. 变压器技术大全 [M]. 沈阳：辽宁科学技术出版社，1996.

[3] 保定天威保变电气股份有限公司. 电力变压器手册 [M]. 北京：机械工业出版社，2003.

[4] 机电工业考评技师复习丛书编审委员会. 电工技术基础 [M]. 北京：机械工业出版社，1990.

读者信息反馈表

感谢您购买《绝缘制品件装配工》一书。为了更好地为您服务，有针对性地为您提供图书信息，方便您选购合适图书，我们希望了解您的需求和对我们教材的意见和建议，愿这小小的表格为我们架起一座沟通的桥梁。

姓　　名		所在单位名称	
性　　别		所从事工作（或专业）	
通信地址		邮　编	
办公电话		移动电话	
E－mail			

1. 您选择图书时主要考虑的因素：（在相应项前面画√）
   （　）出版社（　）内容（　）价格（　）封面设计（　）其他
2. 您选择我们图书的途径（在相应项前面画√）
   （　）书目（　）书店（　）网站（　）朋友推介（　）其他

希望我们与您经常保持联系的方式：
　　　　　　　　　　□电子邮件信息　□定期邮寄书目
　　　　　　　　　　□通过编辑联络　□定期电话咨询

您关注（或需要）哪些类图书和教材：

您对我社图书出版有哪些意见和建议（可从内容、质量、设计、需求等方面谈）：．

您今后是否准备出版相应的教材、图书或专著（请写出出版的专业方向、准备出版的时间、出版社的选择等）：

非常感谢您能抽出宝贵的时间完成这张调查表的填写并回寄给我们。我们愿以真诚的服务回报您对我社的关心和支持。

请联系我们——

地　　址　北京市西城区百万庄大街22号　机械工业出版社技能教育分社
邮　　编　100037
社长电话　（010）88379080　88379083　68329397（带传真）
E－mail　jnfs@ mail. machineinfo. gov. cn